Proceso y preparación de equipos y medios en trabajos de albañilería

Juan José Trujillo Cebrián

ic editorial

Proceso y preparación de equipos y medios en trabajos de albañilería

1ª Edición

Editado por: IC Editorial
c/ Cueva de Viera, 2, Local 3
Centro Negocios CADI
29200 Antequera (Málaga)
Teléfono: 952 70 60 04
Fax: 952 84 55 03
Correo electrónico: iceditorial@iceditorial.com
Internet: www.iceditorial.com

ISBN: 978-84-1184-850-3
Depósito Legal: MA 825-2025

Impresión: PODiPrint
Impreso en Andalucía – España

Nota de la editorial: IC Editorial pertenece a Innovación y Cualificación S. L.

Presentación del manual

El **Certificado de Profesionalidad** es el instrumento de acreditación, en el ámbito de la Administración laboral, de las cualificaciones profesionales del Catálogo Nacional de Cualificaciones Profesionales adquiridas a través de procesos formativos o del proceso de reconocimiento de la experiencia laboral y de vías no formales de formación.

El elemento mínimo acreditable es la **Unidad de Competencia.** La suma de las acreditaciones de las unidades de competencia conforma la acreditación de la competencia general.

Una **Unidad de Competencia** se define como una agrupación de tareas productivas específica que realiza el profesional. Las diferentes unidades de competencia de un certificado de profesionalidad conforman la **Competencia General,** definiendo el conjunto de conocimientos y capacidades que permiten el ejercicio de una actividad profesional determinada.

Cada **Unidad de Competencia** lleva asociado un **Módulo Formativo,** donde se describe la formación necesaria para adquirir esa **Unidad de Competencia,** pudiendo dividirse en **Unidades Formativas.**

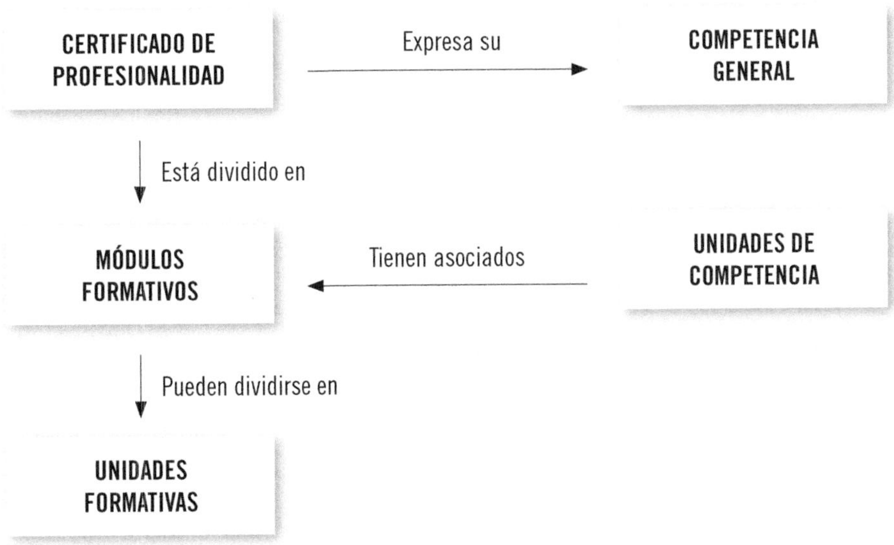

El presente manual desarrolla la Unidad Formativa **UF0302: Proceso y preparación de equipos y medios en trabajos de albañilería,**

perteneciente a los Módulos Formativos:

- **MF0871_1: Tratamiento de soportes para revestimiento en construcción.**
- **MF0872_1: Enfoscados y guarnecidos "a buena vista",**

asociados a las unidades de competencia:

- **UC0871_1: Sanear y regularizar soportes para revestimiento en construcción.**
- **UC0872_1: Realizar enfoscados y guarnecidos "a buena vista",**

del Certificado de Profesionalidad **Operaciones auxiliares de revestimientos continuos en construcción.**

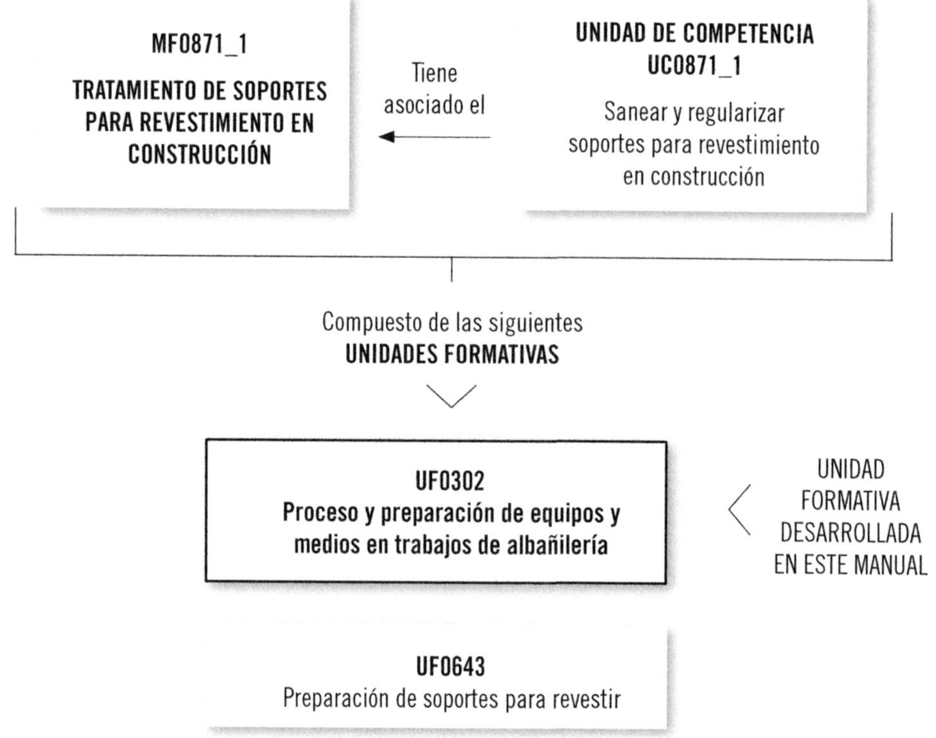

MF0872_1

ENFOSCADOS Y GUARNECIDOS "A BUENA VISTA"

Tiene asociado el ←

UNIDAD DE COMPETENCIA UC0872_1

Realizar enfoscados y guarnecidos "a buena vista"

Compuesto de las siguientes **UNIDADES FORMATIVAS**

UF0302
Proceso y preparación de equipos y medios en trabajos de albañilería

UNIDAD FORMATIVA DESARROLLADA EN ESTE MANUAL

UF0644
Ejecución de enfoscados y guarnecidos "a buena vista"

FICHA DE CERTIFICADO DE PROFESIONALIDAD

(EOCB0109) OPERACIONES AUXILIARES DE REVESTIMIENTOS CONTINUOS EN CONSTRUCCIÓN (R. D. 644/2011, de 9 de mayo, modificado por el R. D. 615/2013, de 2 de agosto)

COMPETENCIA GENERAL: Preparar los soportes para realizar revestimientos con morteros, pastas y pinturas, ejecutar "a buena vista" enfoscados y guarnecidos, aplicar imprimaciones y pinturas protectoras, y realizar labores auxiliares en tajos de obra, siguiendo las instrucciones técnicas recibidas y las prescripciones establecidas en materia de seguridad y salud.

Cualificación profesional de referencia	Unidades de competencia		Ocupaciones o puestos de trabajo relacionados:
EOC272_1 Operaciones auxiliares de revestimientos continuos en construcción (R. D. 872/2007, de 2 de julio)	UC0276_1	Realizar trabajos auxiliares en obras de construcción	• 9602.1013 Peón de la construcción de edificios • Ayudante de Albañil • Operario de Acabados • Ayudante de Pintor • Peón especializado
	UC0869_1	Elaborar pastas, morteros, adhesivos y hormigones	
	UC0871_1	Sanear y regularizar soportes para revestimiento en construcción	
	UC0872_1	Realizar enfoscados y guarnecidos "a buena vista"	
	UC0873_1	Aplicar imprimaciones y pinturas protectoras en construcción	

Correspondencia con el Catálogo Modular de Formación Profesional

Módulos certificado	Unidades formativas	Horas
MF0276_1: Labores auxiliares de obra		50
MF0869_1: Pastas, morteros, adhesivos y hormigones		30
MF0871_1: Tratamiento de soportes para revestimiento en construcción	UF0302: Proceso y preparación de equipos y medios en trabajos de albañilería	40
	UF0643: Preparación de soportes para revestir	60
MF0872_1: Enfoscados y guarnecidos "a buena vista"	UF0302: Proceso y preparación de equipos y medios en trabajos de albañilería	40
	UF0644: Ejecución de enfoscados y guarnecidos "a buena vista"	60
MF0873_1: Pintura y materiales de imprimación y protectores en construcción	UF0645: Proceso y preparación de equipos y medios en trabajos de pintura en construcción	40
	UF0646: Aplicación de pinturas e imprimaciones protectoras	80
MP0134: Módulo de prácticas profesionales no laborales		80

Índice

Capítulo 1

Trabajos elementales en las obras de albañilería

Contenido

1. Introducción

En las labores de albañilería permanece hasta nuestros días un ligero aspecto de fabricación artesanal. En los últimos tiempos, se ha introducido en la albañilería numerosas técnicas innovadoras, materiales que optimizan su rendimiento, modernos sistemas constructivos y maquinaria de excelentes prestaciones adaptadas a cada trabajo concreto. Todos estos factores inciden en el incremento de la productividad y favorecen la ejecución de los trabajos, pero no impiden que la habilidad y profesionalidad del albañil influya directamente en el resultado final de los trabajos.

Es por ello necesario que el profesional de albañilería domine una serie de parámetros elementales como realización de replanteos, trazado de escuadras, colocación de miras, así como que presente desenvoltura en el manejo de las herramientas y maquinarias de uso habitual en su trabajo. Debe contar también con un dominio sustancial de los materiales de uso asiduo en albañilería, así como de un conocimiento básico del resto de materiales y de los de reciente implantación.

El profesional de albañilería participa, en mayor o menor medida, prácticamente en todas las fases de la obra, si bien su cometido -que se podría considerar como su especialidad preferente- es la realización de fábricas u obras de albañilería, formación de pendientes de cubierta, revestimientos continuos a base de morteros y replanteos.

En el presente capítulo se hace una referencia a todas las fases en las que interviene el operario de albañilería, si bien, por razones de extensión se le da mayor relevancia a sus trabajos más específicos y, sobre todo, a la ejecución de fábricas, muros, cerramientos, tabiquerías y particiones y a la realización de replanteos.

2. Conocimiento de los trabajos de albañilería

La albañilería es la profesión que se ocupa fundamentalmente de la realización de obras de fábrica. Además, es habitual que se encargue de la ejecución de solados, alicatados, revestimientos continuos y cubiertas, así como recibido de carpinterías y ayudas a otros oficios como en el caso de las instalaciones. También se encuentran entre las atribuciones habituales del profesional de albañilería la realización de los replanteos en obra. Los replanteos se realizan principalmente al comienzo de la obra y durante el transcurso de cada una de las fases que la integran.

Definición

Albañilería

El Diccionario de la Real Academia de la Lengua Española define *albañilería* como el arte de construir edificios u obras en que se empleen, según los casos, ladrillos, piedra, cal, arena, yeso, cemento u otros materiales semejantes.

Otro cometido usual de los profesionales de albañilería es la realización de arquetas y colocación de tubos de desagüe en las instalaciones de saneamiento y alcantarillado.

En la siguiente tabla se ofrece una relación no exhaustiva de los trabajos habituales en albañilería. No obstante, algunos de ellos en la actualidad están muy especializados, sobre todo, en obras de tamaño medio-grande, siendo ejecutados por trabajadores que se dedican en exclusiva a una tarea concreta.

TRABAJOS DE ALBAÑILERÍA	REPLANTEOS
	OBRAS DE FÁBRICA
	SOLADOS
	ALICATADOS
	REVESTIMIENTOS CONTINUOS
	CUBIERTAS
	RECIBIDO DE CARPINTERÍAS
	INSTALACIÓN DE SANEAMIENTO
	AYUDA A INSTALACIONES

En muchas ocasiones también existe especialización en la realización de tareas como solados, alicatados y revestimientos continuos (especialmente, revestimientos de yeso y escayola), que los ejecutan operarios fundamentalmente cualificados para estas labores.

Esta especialización se produce preferentemente en obras de tamaño medio y grande, ya que en obras de menor tamaño, las mismas cuadrillas realizan los diferentes trabajos anteriormente relacionados.

Otra fase de obra en la que puede participar el albañil es en la de cimentación y estructura, si bien lo hace realizando los correspondientes replanteos o como apoyo, ya que la ejecución propiamente dicha de la estructura, habitualmente recae en oficios especializados como son los encofradores, ferrallistas y estructuristas.

2.1. Tipos de trabajos

Como se ha dicho, el albañil desarrolla su trabajo prácticamente a lo largo de toda la obra, pero en la fase donde su presencia está más definida es en la ejecución de obras de fábrica como muros, cerramientos, tabiquerías, particiones y formación de pendientes de cubierta.

Obras de fábrica

Las obras de fábrica son las que ejecuta realizando muros o paredes, construidos verticalmente, con el fin de cerrar espacios o para soportar cargas.

Se denomina **cerramiento** cuando la fábrica cierra espacios con el exterior o con otros edificios. Son particiones cuando sirve para delimitar o separar espacios interiores del edificio.

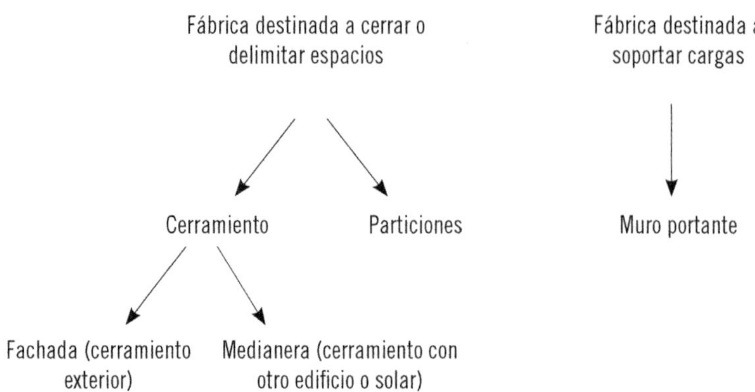

En construcción, se conoce como **fábrica** a la obra de albañilería ejecutada con piedras, ladrillos o bloques de hormigón, unidas con mortero o con algún aglomerante adecuado. Se colocan las piezas distribuidas con una disposición concreta y predefinida. La forma en que es posible realizar esta distribución y la forma de trabazón que se le da a las piezas es lo que se denomina aparejo. En todos los tipos de aparejo se ha de cuidar que las juntas verticales o llagas no coincidan alineadas entre una hilada y otra, a fin de que exista la suficiente trabazón entre los ladrillos dotando de estabilidad a la fábrica.

Se denomina **obra de fábrica de aparejo regular** cuando las piezas que la forman son de forma prismática y se colocan en hiladas de altura constante. En caso contrario, es cuando se denomina **aparejo irregular.**

Cuando las piezas que forman la fábrica son piedras se denomina muro de mampostería.

Existen muchos tipos de aparejos en muros o paredes de ladrillo. Entre ellos se puede citar:

- **Aparejo a sogas:** los paramentos laterales de la pared se forman con las sogas del ladrillo, es decir, las caras del ladrillo que quedan al exterior son los cantos.
- **Aparejo a tizones:** los paramentos laterales se forman con los tizones, es decir la cara que queda al exterior es la testa. Son muros de 1 pie.

- **Aparejo a panderete:** la cara que queda al exterior del paramento es la tabla. El ladrillo se coloca apoyándolo sobre el canto. Con este aparejo se forman tabiques con espesor igual al grueso del ladrillo.
- **Aparejo inglés:** es un muro de 1 pie en el que se colocan de forma alterna una hilada a soga y otra a tizón.
- **Aparejo holandés:** en una misma hilada se alternan ladrillos a soga y a tizón. Estas hiladas a su vez se alternan con hiladas con todos los ladrillos a tizón.

Sabía que...

Para que no coincidan en dos hiladas consecutivas la distribución de juntas verticales en un muro de aparejo holandés, en las hiladas impares de este aparejo se ha de comenzar con dos ladrillos a los que se le corta la cuarta parte de su lado mayor.

(La denominación de cada una de las caras y de las aristas de un ladrillo se puede consultar en el apartado 2.4 de este mismo capítulo).

Aplicación práctica

Acaba de terminar un muro aparejado, cuya composición recoge la siguiente imagen, y su compañero le pregunta qué tipo de aparejo se ha usado y si es correcta la distribución de juntas verticales. ¿Qué le responde?

Continúa en página siguiente >>

<< Viene de página anterior

Esquema de muro aparejado

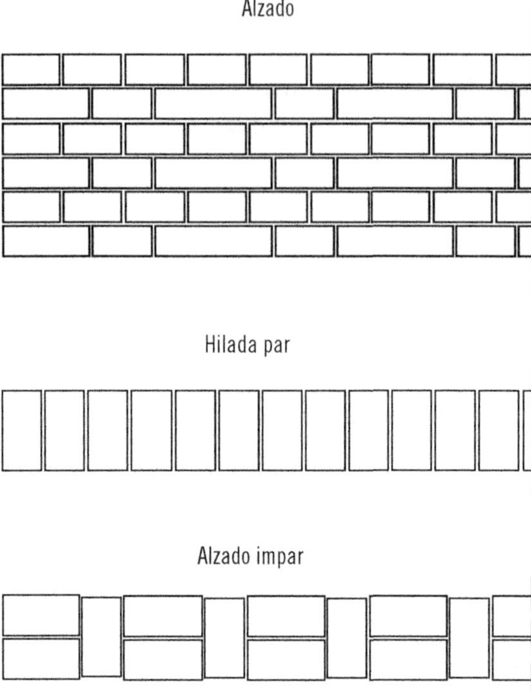

SOLUCIÓN

Se trata de aparejo holandés, ya que alterna ladrillos colocados a soga con ladrillos a tizón en las hiladas impares y ladrillos solo a tizón en las hiladas pares.

Es correcta la distribución de juntas verticales o llagas, ya que se cuida que no coincidan en dos hiladas consecutivas.

2.2. Composición de los elementos y función que desempeñan

Los elementos que forman parte de una obra de fábrica son principalmente:

- **Piezas:** son los ladrillos, bloques o piedras que distribuidos según un determinado aparejo dan forma a la obra de fábrica.
- **Hilada:** es cada una de las hileras horizontales formadas por las piezas colocadas unas junto a otras en una fábrica con aparejo regular.
- **Junta:** es la capa de mortero o aglomerante que forma la separación entre las piezas.

Las juntas pueden ser de dos tipos según **su disposición:**

LLAGA	Junta vertical. Separa las piezas de la misma hilada.
TENDEL	Junta horizontal. Separa unas hiladas de otras.

Según **la terminación de la junta,** se puede dividir en varios tipos:

JUNTA ENRASADA	La cara de terminación del mortero de la junta se encuentra en el mismo plano de la pared.
JUNTA REHUNDIDA	Cuando el mortero se deja por detrás de la cara de terminación de la pared.
JUNTA MATADA	Si se encuentra achaflanada, rehundida por una parte y enrasada por la otra.
JUNTA A HUESO	Cuando se ejecuta con una mínima llaga de mortero, con los ladrillos prácticamente unidos. Habitualmente, solo se pueden ejecutar de esta forma en las juntas verticales, ya que en los tendeles se necesita mayor espesor de junta que garantice la unión entre una hilada y otra.
JUNTA RESALTADA	Cuando la junta sale por fuera del plano del paramento. Este tipo es más utilizado en muros de mampostería.

Las caras de una obra de fábrica se denominan **paramentos.**

2.3. Conocimiento de los procesos constructivos y su desarrollo

La ejecución de una fábrica de albañilería se realiza en sentido ascendente, colocando las piezas a hilada.

Existen **dos formas** principales para la colocación de los ladrillos en una obra de fábrica:

- A **restregón:** se coloca cada una de las piezas encima de la hilada anterior, sobre el mortero previamente depositado en el tendel, restregándola hasta que rebosa por las juntas.
- A **bofetón:** se coloca previamente el mortero en una cara del ladrillo que se va a ubicar, este se incorpora a la fábrica dando un golpe con la cara donde lleva el aglomerante y se restriega hasta que enrase oportunamente.

La realización de una pared o muro conlleva **tres etapas** diferenciadas, como son:

1. Replanteo.
2. Colocación de las piezas
3. Terminación de las juntas.

Replanteo

Antes del comienzo de la ejecución de la fábrica es necesaria la preparación y acopio de los materiales a utilizar y el **replanteo** de la misma.

El replanteo de una fábrica consiste en marcar su **eje** sobre los cimientos o la base en la que se va a ejecutar. Se trata de materializar en la realidad la definición geométrica reflejada en los planos de proyecto.

Definición

Eje
El eje de una pared o muro es la línea que a lo largo de la misma pasa por su mitad.

Una vez replanteada, se colocan reglas o miras en sus extremos para establecer la alineación horizontal. Las reglas pueden ser metálicas o de madera, colocadas a plomo, para garantizar la verticalidad de la fábrica. A estas se atan las cuerdas que actúan como guías de cada hilada. Estas cuerdas se van elevando en ambos extremos una vez concluida cada hilada, hasta la altura de la siguiente. La correcta alineación de las piezas se consigue con la ayuda de las reglas, cuerdas de alineado y con la ayuda de un nivel.

Colocación de las piezas

Los ladrillos o bloques deben humedecerse previamente a su colocación, evitando que absorban agua del mortero, ya que esto provocaría un fraguado incorrecto.

Previamente a la colocación del ladrillo, se ha de formar el tendel o junta horizontal, colocando una capa de mortero encima de la hilada inferior. Se adhiere otra capa de aglomerante en la cara lateral que coincidirá con el ladrillo anterior de su hilada, formándose así la llaga, o junta vertical.

Una vez preparado, el ladrillo se coloca a restregón, asentándolo hasta que rebose el aglomerante de las juntas.

No se deben desplazar de su posición los ladrillos una vez colocados, para no perjudicar la adherencia de los mismos. Si se hace necesario corregir la colocación de alguna pieza, se debe retirar conjuntamente con el mortero, y repetir su correcta colocación, evitando así problemas de adherencia.

Importante

Es necesario que el tendel tenga un espesor constante, especialmente en el caso de fábricas vistas.

Acabado de las Juntas

Como se indica en el apartado anterior, existen diferentes formas de terminación de las juntas. Es conveniente que esta terminación se realice conjuntamente con la ejecución de las hiladas, antes de que el mortero comience su proceso de fraguado y se incremente la dificultad de realizar su terminación y de la retirada de material sobrante.

2.4. Conocimiento y aplicación de los términos técnicos usuales en la profesión

Son numerosos los términos técnicos que habitualmente se utilizan en labores de albañilería. Es también usual que una misma actividad, material o herramienta se denomine de forma distinta según la zona geográfica en la que se encuentre. Dada esta diversidad, en el presente epígrafe se muestra un resumen de los términos de uso más extendido, especialmente en los trabajos más específicos del oficio, como pueden ser ejecución de fábricas de albañilería, escaleras, cubiertas y revestimientos continuos.

Materiales, elementos y tipología de fábricas de albañilería

Se destacan una serie de elementos que se colocan en las terminaciones que se pueden encontrar en las fábricas de ladrillos, así como algunos tipos de colocación:

- **Albardilla:** remate de un muro en su coronación, para protección frente a la lluvia, habitualmente realizado con tejas, ladrillos, piedras o piezas cerámicas.
- **Alféizar:** parte de muro que forma el borde inferior horizontal del hueco de una ventana. El alféizar es el que forma el remate del antepecho de la ventana.
- **Antepecho:** es la parte ciega bajo el hueco de una ventana. También se denomina antepecho al muro elevado sobre el borde de azotea o cornisa con una altura que posibilite asomarse sin riesgo.
- **Aparejo:** forma o modo de colocar y acoplar ladrillos, sillares, mampuestos o bloques, de forma ordenada, para la formación de muros, arcos, bóvedas u otros elementos de albañilería.
- **Arco:** remate superior de un hueco o vano, de forma curva, que se apoya en dos pilares o en las jambas de un hueco y cubre el espacio vacío que queda entre los mismos.

  Dependiendo de la forma del arco, existen multitud de tipos entre los que cabe destacar el arco de medio punto, abatido, abocinado, adintelado, apuntado u ojival, conopial, de herradura, realzado, rebajado, escarzano, peraltado...

Algunos tipos de arcos

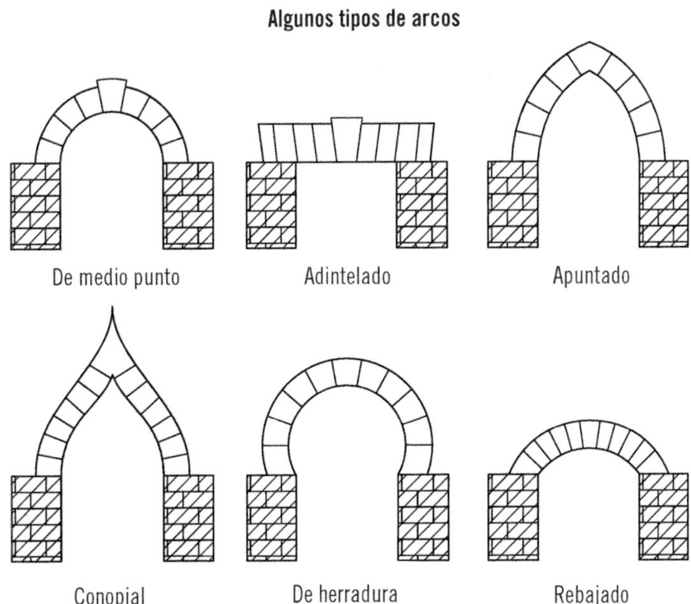

- **Ladrillo:** se trata de un prisma rectangular, realizado con una masa de arcilla cocida, muy empleado en construcción, principalmente, para la realización de muros, cerramientos y tabiquerías.

Denominación de caras y aristas de un ladrillo

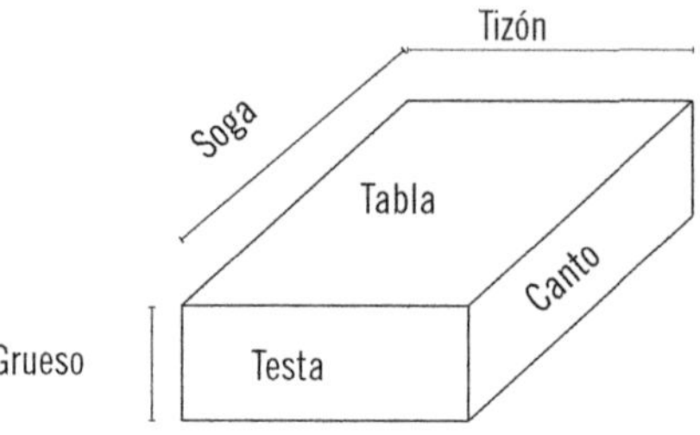

Según la posición que ocupen en el ladrillo, sus caras se denominan **tabla, canto o testa.** Las aristas del ladrillo, dependiendo de su longitud, se denominan **soga, tizón o grueso.**

Según para qué parte de la construcción se vaya a realizar las fábricas de ladrillos, se pueden encontrar una serie de ladrillos, adecuados para cada tipo de fábrica de ladrillos; serían los siguientes:

- **Ladrillo hueco:** es aquel que en su volumen cuenta con más del 33 % de huecos. Estos huecos son de forma longitudinal, abiertos a la testa, y su sección es generalmente rectangular.
  - El **ladrillo hueco sencillo** es el que tiene un grosor entre 3 y 5 cm y tres huecos por testa. Generalmente, se emplea para construcción de tabiques.
  - El **ladrillo hueco doble** tiene un grosor ente 7 y 10 cm y habitualmente presenta 6 huecos por testa.

- **Ladrillo perforado:** ladrillo en el que su volumen tiene una relación de huecos entre el 10 % y el 33 %. Usualmente, las perforaciones se encuentran realizadas por *tabla,* con forma circular. Se utiliza para la ejecución de cerramientos o muros que demanden mayor resistencia o solidez.

- **Ladrillo macizo:** también conocido como ladrillo tocho, es aquél que no presenta orificios con un volumen superior al 10 % de la masa total del ladrillo y siempre realizados por Tabla.
- **Ladrillo a cara vista:** se trata de ladrillo macizo, en el que además de los parámetros habituales, se cuida en su fabricación la estética, acabado y homogeneidad de sus caras, lo que posibilita utilizarlo en fábricas que no se van a revestir posteriormente, quedando el paramento visto.
- **Bloque:** son prismas similares a los ladrillos, pero de dimensiones mayores a estos, realizados mediante prefabricado, con celdas interiores verticales, separadas por paredes de poco espesor. Pueden ser de hormigón o de material cerámico. Proporcionan buena manejabilidad y capacidad aislante. Debido a su mayor tamaño respecto a los ladrillos, proporcionan rapidez de ejecución de cerramientos. Pueden ser a cara vista o para revestir.

Bloque de hormigón

- **Dintel:** elemento de soporte horizontal, apoyado en sus dos extremos y que sustenta una carga. Normalmente, es la parte superior de los huecos de un cerramiento o muro, que apoya sobre las jambas. Los dinteles pueden ser rectos, si su cara inferior es un plano horizontal; o en arco, si su cara inferior responde a una porción de curva.

  El dintel también se denomina **cargadero.**
- **Jamba:** es cada uno de los elementos verticales de piedra, ladrillo, etc., que, colocados a los lados de huecos, puertas o ventanas, soportan el dintel, cargadero o arco de cierre de un vano.
- **Junta:** es el espacio existente entre los ladrillos o piezas contiguas de una fábrica de albañilería. La junta va rellena con el material de agarre utilizado para la colocación de los ladrillos, bloques o mampuestos.
- **Llaga:** es cada una de las juntas verticales de una fábrica de albañilería.

- **Tendel:** es la junta horizontal situada entre dos hiladas de ladrillos o bloques que forman la fábrica. Es necesario que el tendel tenga un espesor constante, especialmente, en el caso de fábricas vistas.
- **Cargadero:** viga o dintel de un vano, que soporta la carga del muro o estructura superior, transmitiéndolo a los apoyos.
- **Tabique:** es la fábrica realizada habitualmente con ladrillo hueco sencillo, colocado por canto, para ejecutar particiones fijas en interior de edificios.
- **Tabicón:** es un tabique ejecutado con ladrillo hueco doble, generalmente, recibido por canto, tomado con yeso o mortero. Se utiliza para la realización de particiones interiores y como cobijado interior de cámaras de aire.
- **Citara:** pared ejecutada con ladrillos cuyo espesor es de medio pie. Esta medida corresponde a ladrillos recibidos por tabla. La citara se puede ejecutar con ladrillo hueco doble, ladrillo perforado o ladrillo macizo, dependiendo de las características exigidas a la misma.
- **Muro de carga:** pared con capacidad de sustentar cargas verticales, aparte de su peso particular. Generalmente, el muro de carga tiene un espesor al menos de 1 pie, es decir, con los ladrillos recibidos por tabla y con el espesor igual a la medida de la "soga" del ladrillo.
- **Cerramiento:** los cerramientos o fachadas son los paramentos exteriores que envuelven el edificio, cuya misión primordial es preservarlo de elementos exteriores como ruido, viento, agua y factores térmicos. Además, cumplen un cometido estético ya que se convierten en la cara visible del edificio.

Ejecución de cerramiento a la capuchina

- **Capuchina:** muro de cerramiento, constituido por dos hojas paralelas separadas, quedando una cámara intermedia que actúa de aislamiento. La cámara interior puede albergar también material aislante para mejorar la capacidad de aislamiento de la fábrica.
- **Medianera:** es el muro que separa dos propiedades contiguas. Esta pared, en algunos casos es compartida entre ambas edificaciones, cuando su eje es coincidente con la línea divisoria de las parcelas.
- **Particiones:** son las paredes o tabiques que proporcionan la delimitación de los diferentes espacios en el interior de la edificación.
- **Roza:** pequeña acanaladura que se realiza en la superficie de tabiquerías o muros a fin de realizar el empotramiento de tuberías o elementos de las instalaciones. La roza también se denomina **regola.**

Definición

Grosor

El grosor de un ladrillo es la longitud que presenta su arista denominada 'grueso'.

Morteros, pastas y hormigones

Cada uno de estos productos son utilizados en la construcción y tienen una función idónea para según qué tipo de trabajo se va a realizar. A continuación, vemos su uso y composición en cada uno de ellos:

- **Árido:** un árido es un conjunto de partículas pequeñas proveniente de la disgregación de las rocas y que se utiliza principalmente para elaborar morteros y hormigones. Dependiendo de su tamaño, se distingue entre **arena y grava.**
- **Mortero:** es una masa formada por conglomerante, arena y agua, (y en algunos casos con algún aditivo), que crea una pasta fluida o plástica, que posteriormente endurece con el proceso de fraguado. Su uso habitual es para la unión de los ladrillos o piezas que forman una fábrica,

tejado o cualquier elemento de albañilería. Otro uso de los morteros es como formación de revestimiento continuo de muros o fábricas.

- **Lechada:** se denomina lechada cuando en el amasado de la pasta interviene agua y conglomerante, sin adición de arena, proporcionando una masa muy fluida.
- **Hormigón:** el hormigón es la masa en la que interviene el conglomerante, agua, arena, grava y según los casos algún aditivo. El hecho de que el conglomerante utilizado en el hormigón siempre es el cemento y la presencia de grava en el amasado, le otorga elevadas capacidades resistentes, por lo que es el elemento primordial en la ejecución de cimentaciones, estructuras y fábricas portantes que se someten a solicitaciones elevadas.

Otros términos usuales en albañilería

En la albañilería se pueden encontrar una variedad de términos que se usan, tanto para la realización de trabajos como para los elementos que se utilizan para ello. Se pueden distinguir los siguientes:

- **Replanteo:** es la operación por la que se traza y traslada fielmente a la realidad de la obra las formas y dimensiones determinadas en planos.
- **Acopiar:** operación de depositar y almacenar a pie de obra los materiales de construcción, de forma provisional hasta su uso definitivo.
- **Arriostrar:** consiste en la operación de colocar elementos diagonalmente en un armazón o estructura, con el propósito de aportarle rigidez, indeformabilidad y estabilidad.
- **Alero:** es el borde inferior del faldón de tejado que sobresale volado del plano de fachada. Su función es la de despedir el agua de lluvia sin que se deslice por el paramento.
- **Teja:** pieza utilizada para cubrir edificios, colocadas solapando unas con otras. Generalmente, realizadas con barro cocido, aunque también fabricadas con lajas de piedra (pizarra, sobre todo), prefabricadas de hormigón...
- **Cumbrera:** arista más alta que forma la unión de los faldones de una cubierta a dos aguas.

Cubierta inclinada de teja

- **Limatesa:** es la intersección de dos faldones de cubierta formando saliente. El agua se desliza por los faldones alejándose de esa intersección.
- **Limahoya:** es la intersección de dos faldones de cubierta formando entrante. El agua se desliza por los faldones conduciéndose a esa intersección y discurriendo por ella.
- **Peldaño:** cada uno de los elementos de una escalera, a distinto nivel, que sirven para ascender o descender por la misma.
- **Zanca:** viga o losa inclinada, que forma la estructura de la escalera, y sirve de apoyo para los peldaños.
- **Huella:** es el plano horizontal de cada escalón de una escalera. Superficie sobre la que se asienta el pie.
- **Tabica:** es el frente vertical de un peldaño; altura del mismo.
- **Zanquín:** es la pieza de recubrimiento de la pared lateral de una escalera en forma de rodapié continuo a lo largo del desarrollo del peldaño.

Nota

Se denomina faldón de una cubierta a cada uno de los planos inclinados que la forman.

Útiles, herramientas y medios auxiliares

Para la consecución de los trabajos de albañilería que hay en la construcción, es necesario tener las herramientas apropiadas y equipar el lugar de trabajo con los medios auxiliares adecuados para la ejecución de los mismos. A continuación, se destacan algunos de ellos:

- **Alcotana:** útil manual que combina hacha con azuela por la otra parte.
- **Andamio:** el andamio es una estructura provisional, fija o móvil, que se adapta a la altura del edificio y que actúa como elemento auxiliar para la realización de los trabajos, dotando de accesibilidad zonas del edificio a las que no se puede llegar sin este medio, como en el caso de fachadas.
- **Borriqueta:** medio auxiliar formado por un tablero horizontal colocado sobre soportes en sus extremos, con una anchura de la zona de trabajo de 60 cm como mínimo, que se utiliza para trabajos con una altura no superior a dos metros y casi siempre en interiores.
- **Espuerta:** cesta dotada de dos asas, utilizada para transporte de materiales o escombros, actualmente de goma, aunque también se puede encontrar de esparto o cáñamo. También se utiliza para amasar en su interior pequeñas cantidades de mortero o pasta.
- **Artesa:** recipiente de goma o de madera en ocasiones, de forma cuadrada o rectangular, con la base de menos dimensión que el borde y que se usa para el amasado manual de pequeñas dosis de morteros, pastas o lechadas.
- **Cizalla:** herramienta manual de corte, usada para partir barras de acero con la longitud deseada.
- **Fratás:** útil de base plana dotado de asa de agarre en su cara superior que se utiliza para igualar y aplanar superficies de mortero o pastas.
- **Llagueador:** también llamado llaguero o rejuntador. Se utiliza para marcar las juntas de una obra de fábrica de ladrillo o mampostería.

Recuerde

El replanteo es la operación cuya finalidad consiste en trazar y trasladar a la realidad de la obra las formas y dimensiones reflejadas en los planos de proyecto.

2.5. Materiales a utilizar. Clasificación. Características y propiedades

En albañilería se usa una gran variedad de materiales, que inicialmente se pueden clasificar en algunos grupos diferenciados, como se observa en la tabla.

Materiales
Pétreos
Cerámicos
Aglomerantes
Morteros y hormigones
Metálicos
Maderas
Plásticos
Bituminosos

Materiales pétreos

Los materiales **pétreos** son los que provienen de rocas. Son materiales duros, que resisten bien las condiciones medioambientales adversas y ofrecen elevadas prestaciones frente a esfuerzos de compresión. Se pueden presentar de varias formas:

- Como **sillares o mampuestos,** para su utilización en obras de fábrica, muros, etc.
- En forma de **láminas o losas,** usadas para revestimientos verticales, como zócalos y aplacados; y en revestimientos horizontales, para solerías.
- En forma de pequeños fragmentos o gránulos, denominados **árido.** Se forma a partir de la fragmentación de la roca, bien por medios naturales tras la acción de agentes atmosféricos y erosión, o bien por medios artificiales obtenidos por machaqueo.
  El uso del árido en albañilería es principalmente como componente de morteros y hormigones, en compañía del aglomerante, agua y, en ocasiones, algún aditivo.

Sabía que...

Dependiendo del tamaño del grano, el árido puede ser *arena* si tienen menos de 5 mm de diámetro, o *grava* cuando el tamaño del grano es superior a esa medida.

Materiales cerámicos

Los materiales **cerámicos** se producen por la cocción de arcillas seleccionadas.

Los más utilizados en albañilería son los **ladrillos,** de los que existe una amplia variedad de tipos, recogidos los de uso más habitual en la siguiente tabla:

<table>
<tr><th colspan="5">LADRILLOS Y BLOQUES CERÁMICOS</th></tr>
<tr><td>LADRILLO MACIZO</td><td colspan="2">En su volumen no tiene huecos superiores al 10 %.</td><td colspan="2">Se usa en fábricas estructurales en las que se necesiten elevadas resistencias a compresión.</td></tr>
<tr><td>LADRILLO PERFORADO</td><td colspan="2">Tiene un porcentaje de huecos entre el 10 y el 33 %. Los huecos los presenta por "tabla".</td><td colspan="2">Se usa para elementos resistentes, también en petos y cerramientos de alta estabilidad.</td></tr>
<tr><td rowspan="3">LADRILLO HUECO</td><td rowspan="3">Porcentaje de huecos superior al 33 %.
Los huecos los presenta por "testa"</td><td rowspan="3">Se utiliza para cerramientos, particiones y tabiquerías, formación de pendiente en cubiertas...</td><td>SENCILLO</td><td>3 agujeros.
Grosor de 3 a 5 cm.</td></tr>
<tr><td>DOBLE</td><td>6 agujeros.
Grosor de 7 a 10 cm.</td></tr>
<tr><td>TRIPLE</td><td>9 agujeros.
Grosor de 8 a 12 cm.</td></tr>
<tr><td>LADRILLO CARA VISTA</td><td colspan="2">Con la estética de sus caras cuidada especialmente para permanecer sin necesidad de recibir revestimiento continuo.</td><td colspan="2">Indicado para cerramientos exteriores en los que el propio ladrillo sea el acabado final.</td></tr>
</table>

Continúa en página siguiente >>

<< Viene de página anterior

LADRILLOS Y BLOQUES CERÁMICOS		
LADRILLO REFRACTARIO	Ladrillo que resiste elevadas temperaturas.	Usado para la ejecución de chimeneas y hornos.
LADRILLO APLANTILLADO O MOLDEADO	Ejecutados en un molde especial con una de sus caras redondeadas.	Utilizado en ejecución de muros curvos, arcos y bóvedas.
BLOQUE CERÁMICO	Pieza prefabricada cerámica para formación de fábricas, de mayor dimensión que los ladrillos, con separaciones interiores formando celdas.	Para uso en cerramientos exteriores o medianerías. Ofrece un buen aislamiento térmico.

Otro gran grupo, dentro de los materiales cerámicos, son las **baldosas cerámicas y los azulejos.** Son piezas realizadas sobre una base cerámica de arcilla cocida y con una capa final de material vítreo o esmalte superficial que actúa de protección y como remate estético.

Los azulejos se usan como revestimiento discontinuo en paramentos verticales, especialmente en baño y cocinas. Las baldosas o plaquetas cerámicas se utilizan como solerías en pavimentos horizontales.

En el mercado existe una gran variedad de productos y formatos de azulejos y plaquetas cerámicas.

Otro tipo de material cerámico muy utilizado son las **tejas cerámicas.** Son piezas de cubrición que se usan en tejados inclinados y que se colocan solapando unas sobre otras en el sentido de la pendiente del faldón.

En las tejas cerámicas se pueden distinguir tres tipologías principales:

- **Tejas curvas o árabes.** Tejas con forma de canal curva que se acoplan solapando unas con otras longitudinal y transversalmente.
- **Tejas planas.** Son tejas de sección plana, que cuentan con sistema de acoplamiento entre ellas, longitudinal y transversal, que evita el desplazamiento e impide el paso del agua en dirección contraria a la pendiente.

- **Tejas mixtas.** Son tejas cerámicas que combinan una parte plana con una parte curva y cuentan con un sistema de acanaladura longitudinal y transversal que asegura su ensamblaje.

Aglomerantes

Los **aglomerantes** son materiales en polvo que amasados con agua pueden adherirse a materiales cerámicos o pétreos y, posteriormente, con el proceso de fraguado solidifican.

Los principales aglomerantes son:

- El **yeso** se obtiene mediante cocción y posterior molido de la piedra de yeso. Amasado con agua forma una pasta que tiene un rápido fraguado y endurecimiento. Posee una resistencia media y poca estabilidad ante los agentes atmosféricos.
- La **cal** se obtiene mediante calcinación en horno de piedra caliza, pudiendo también contar con presencia de arcilla hasta una cuarta parte del total. En este caso, se consigue cal hidráulica, que tiene la facultad de poder fraguar también bajo el agua.
- El **cemento** es al conglomerante más usado en albañilería y revestimientos. Es un conglomerante hidráulico que se obtiene mediante la calcinación en horno de mezclas de arcilla y piedra caliza finamente molidas, que pueden contar también con aditivos artificiales. Amasado con agua origina una masa homogénea que endurece por hidratación. Cuando fragua ofrece una elevada dureza y resistencia y mantiene su estabilidad en medio aéreo y sumergido en agua.

Morteros y hormigones

Los **morteros y hormigones** son el resultado de la mezcla de un conglomerante con agua, árido y aditivos.

Recuerde

Los aditivos se añaden a los hormigones y morteros para modificar o mejorar algunas de sus características básicas. Existen aditivos retardadores de fraguado, aceleradores de fraguado, plastificantes, colorantes, para mejorar el fraguado a bajas temperaturas, y una larga lista que ofrece el mercado según sean las necesidades de cada caso.

En los morteros, el árido que interviene es arena. En los hormigones, al árido interviniente es una mezcla homogénea de arena y grava y, además, en este caso el conglomerante utilizado es siempre el cemento.

Cuando el conglomerante de un mortero es una mezcla de cemento y cal se denomina **mortero bastardo.**

Los morteros son utilizados en albañilería como material de agarre de los ladrillos, bloques o mampuestos que forman una fábrica de albañilería, rellenando con el mismo todas las juntas de la fábrica.

Su otro uso más común es como material de revestimiento continuo en ejecución de enfoscados y enlucidos para cubrir la superficie de fábricas que no vayan destinadas a terminación vista.

En el caso de hormigones, la presencia de grava les otorga unas excelentes cualidades de resistencia, especialmente a compresión, por lo que su uso se realiza principalmente en ejecución de cimentaciones y estructuras y en aquellos elementos que vayan a soportar elevadas cargas.

Materiales metálicos

Los materiales metálicos son los constituidos por un metal como hierro, aluminio, zinc, cobre, etc., o por combinaciones o aleaciones de los mismos como el acero.

En general, el acero se utiliza mayoritariamente como armadura interior de piezas elaboradas con hormigón, otorgándole resistencia a esfuerzos cortantes y de flexión. También en estructuras metálicas usando perfiles normalizados de acero.

Asimismo, se usan viguetas metálicas en formación de cargaderos de huecos de cerramientos, aunque actualmente es más frecuente la colocación de cargaderos prefabricados de hormigón.

Otro uso de elementos metálicos en albañilería es en las fábricas armadas, en las que se introduce una ligera estructura metálica prefabricada en algunas de las hiladas horizontales para dar rigidez a la fábrica y mayor trabazón entre los ladrillos o bloques.

Madera

La **madera** es el material vegetal derivado de la utilización y manipulación del tronco de los árboles.

Al ser un material de origen orgánico está especialmente expuesto a agentes químicos, al fuego, ataque por hongos, insectos, pudrición por exceso de humedad, etc., por lo que el uso de madera en albañilería implica usar materiales y técnicas de protección que garanticen su perdurabilidad en el edificio.

En el pasado, el uso de madera en la construcción era muy habitual en formación de vigas, cargaderos y estructuras, si bien en los últimos tiempos, el hormigón, el acero y materiales más modernos y de mayores prestaciones han dejado a la madera en un segundo plano en los trabajos de albañilería. En la actualidad, se usa para estructuras vistas o para revestimientos de carácter ornamental.

Su otro uso fundamental, aparte de en albañilería, es en la elaboración de carpinterías.

Materiales plásticos

Los materiales **plásticos** son productos artificiales elaborados químicamente utilizando diferentes sustancias orgánicas. Algunos de los más conocidos en construcción son el PVC y el polietileno.

Si bien en los procesos de albañilería propiamente dichos no es muy generalizado su uso, sí interviene en muchos materiales sobre todo de instalaciones como tuberías de saneamiento, canalizaciones y mecanismos eléctricos...

También es usado en forma de lámina de polietileno, con diversas aplicaciones, como protección para evitar el paso de humedad por capilaridad.

Materiales bituminosos

Los materiales **bituminosos** son aquellos que cuentan como componente principal el betún, siendo su principal cualidad la impermeabilidad. Son materiales de color negro, que se pueden presentar de forma sólida o en estado viscoso, con una buena flexibilidad y que se reblandecen con la acción de la temperatura.

Dependiendo de su origen, se denominan:

- **Asfálticas:** las sustancias de procedencia petrolífera.
- **Alquitranes:** a los de origen de materias carbonosas.

Importante

Por sus características, el uso más extendido del material bituminoso es como materiales impermeabilizantes, en forma de láminas para impermeabilizar terrazas y cubiertas; o en forma de emulsión o pintura, utilizadas para dotar de impermeabilidad a muros o cualquier otro elemento de la obra.

Ejercicio práctico

Le encargan que organice el material de un almacén donde se encuentran materiales de construcción agrupados por tipos: plástico, cerámico, bituminoso, maderas... ¿Cómo agruparía cada elemento de la siguiente lista de materiales?

Lámina asfáltica, tubería saneamiento PVC, ladrillo hueco doble, yeso en polvo, mortero bastardo, alfeizar de mármol, armadura galvanizada para juntas de fábrica de ladrillo, pintura impermeabilizante con base de alquitrán, dintel visto de roble, grava, cemento, lámina de polietileno, remate de coronación de muro con azulejo, tejas de pizarra, teja árabe.

SOLUCIÓN

- Lámina asfáltica: bituminoso.
- Tubería saneamiento PVC: plástico.
- Ladrillo hueco doble: cerámico.
- Yeso en polvo: aglomerante.
- Mortero bastardo: morteros y hormigones.
- Alféizar de mármol: pétreo.
- Armadura galvanizada para juntas de fábrica de ladrillo: metálico.
- Pintura impermeabilizante con base de alquitrán: bituminoso.
- Dintel visto de roble: madera.
- Grava: pétreo.
- Cemento: aglomerante.
- Lámina de polietileno: plástico.
- Remate de coronación de muro con azulejo: cerámico.
- Tejas de pizarra: pétreo.
- Teja árabe: cerámico.

3. Geometría elemental aplicada a obra

El albañil se suele encargar de realizar los distintos replanteos a lo largo de la obra. Dado que la correcta realización del replanteo repercute en las características y dimensiones finales de la obra ejecutada, es necesario que el profesional de albañilería que realiza estas labores cuente con unos conocimientos básicos de geometría, trazado, de interpretación de planos..., que garantice su exactitud. Es fundamental también que cuente con las herramientas y medios adecuados para reducir cuanto sea posible el riesgo de error en el trazado.

Nota

En albañilería, el trazado consiste en dibujar o marcar en la obra las líneas necesarias para definir la posición y dimensiones de los distintos elementos del edificio.

3.1. Cálculos de replanteos básicos

Es importante conocer que los replanteos no solo se limitan al trazado en planta de cada elemento. También es necesario delimitar y marcar su altura y su cota de comienzo respecto a un plano conocido.

Los replanteos comienzan antes del inicio de la obra, con el trazado general del edificio y de su cimentación. Posteriormente, son necesarias labores de replanteo y trazado de cada uno de los elementos que se van incorporando al edificio durante todo su proceso constructivo. Es por ello que se tiene la necesidad de extremar la exactitud de los replanteos en todo momento, ya que cualquier error significativo se acumula, afectando a los posteriores trazados que se efectúen apoyándose en los anteriores.

Un error de replanteo, sobre todo en las primeras fases de la obra, si no se detecta a tiempo y la construcción sigue su curso, puede provocar graves problemas en el resultado final de la edificación, que difícilmente serán reversibles. Además de los problemas de calidad del resultado final de la obra, los errores de replanteo pueden provocar importantes incrementos del coste final.

El personal encargado de labores de replanteo ha de contar con un dominio elemental en las operaciones matemáticas básicas, principalmente, suma, resta, multiplicación y división. Para realizar un correcto replanteo y comprobar su exactitud y veracidad, se debe poseer también una serie de conocimientos geométricos básicos.

Importante

La unidad elemental de longitud es el metro (m).
La unidad elemental de superficie es el metro cuadrado (m^2).
La unidad elemental de volumen es el metro cúbico (m^3).

La superficie es una medida bidimensional, es decir, que señala el tamaño de un elemento en dos dimensiones: largo x ancho.

En cambio, el volumen nos da la medida tridimensional de un espacio, teniendo en cuenta sus tres dimensiones: largo x ancho x alto.

Para poder realizar operaciones matemáticas (sumas, restas, multiplicaciones y divisiones) con las unidades de magnitud, es necesario uniformar las unidades. No se puede operar medidas en metros con medidas en centímetros. Si alguna de las unidades no concuerda, es necesario realizar su conversión a una unidad equivalente.

Las correspondencias entre las unidades normalmente utilizadas en albañilería son:

- Unidades de longitud.
- Unidades de superficie.

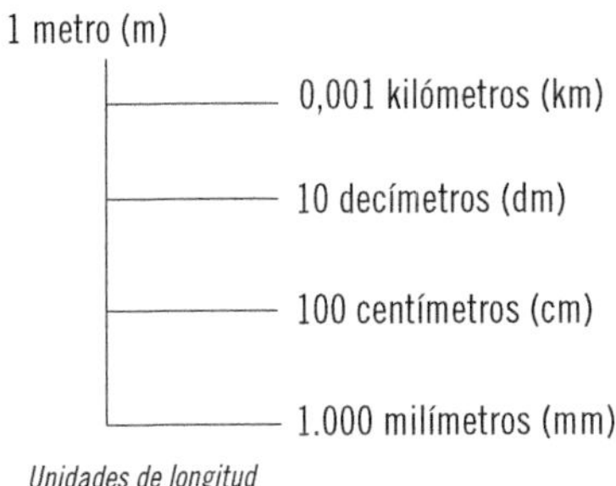

Unidades de longitud

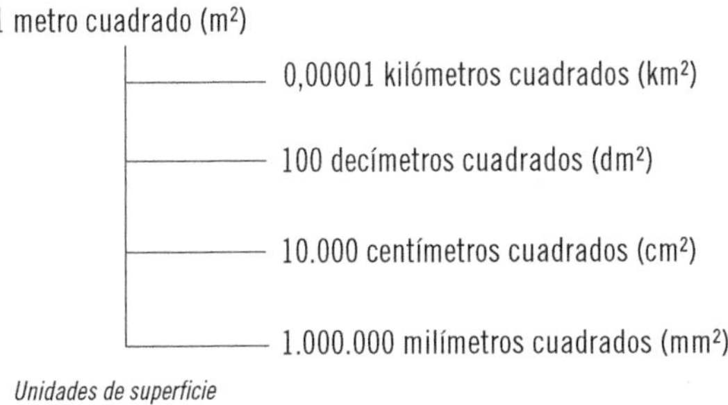

Unidades de superficie

Aplicación práctica

Se solicita a un oficial de albañilería que realice el replanteo de un cerramiento exterior de 5,58 m de longitud y planta lineal. En el cerramiento hay que situar 3 huecos de ventana de 82 cm de anchura cada uno. Los huecos han de ser equidistantes entre ellos y con los extremos del cerramiento, es decir, todas las zonas ciegas del cerramiento deben tener la misma anchura en planta. ¿Qué cálculos realiza el operario para hacer correctamente el replanteo del cerramiento?

Continúa en página siguiente >>

<< Viene de página anterior

Croquis del replanteo de un cerramiento

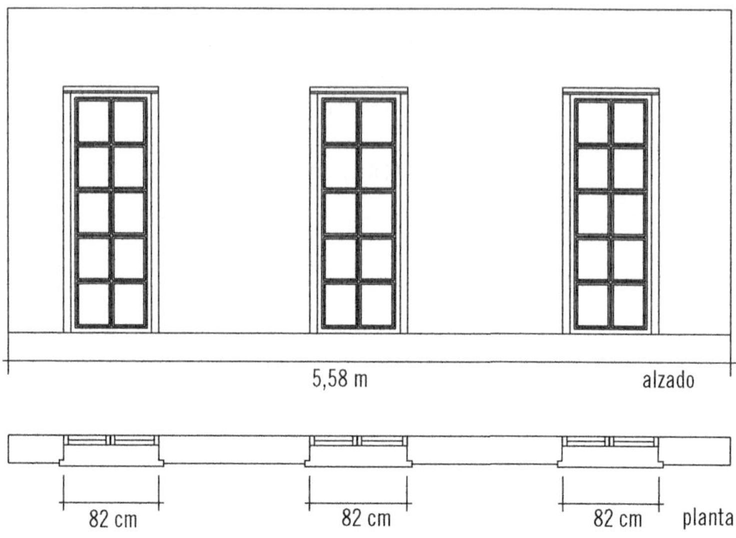

SOLUCIÓN

Tras hacer el croquis del cerramiento con los datos que se dan, calcula el número de los espacios ciegos (4) de la misma medida, a dimensionar. Se igualan las unidades de longitud de cerramiento y la unidad de anchura de los huecos convirtiendo los 5,58 m a cm:

5,58 m x 100 = 558 cm.

- La longitud de los tres huecos es:
  82 cm x 3 huecos = 246 cm.

- Y la parte ciega total del cerramiento:
  558 cm - 246 cm = 312 cm.

- Al ser cuatro los espacios ciegos que se deben repartir a partes iguales:
  312 cm/4 partes = 78 cm.

- Lo que es lo mismo, convirtiéndolo a metros:
  78 cm/100 = 0,78 m.

Continúa en página siguiente >>

<< Viene de página anterior

Por tanto, el albañil deberá marcar el replanteo de huecos trazando partes ciegas de 78 cm de longitud y huecos de 82 cm de longitud, debiendo coincidir el total con la medida de la longitud completa del cerramiento.

3.2. Conceptos geométricos básicos

Los elementos geométricos más básicos son puntos, líneas y superficies.

El **punto** es el origen más elemental del que partimos para cualquier replanteo. Según su definición, el punto es la representación de una ubicación precisa en el espacio, pero que no tiene dimensiones o forma. El punto es un emplazamiento fijo de una línea, de una superficie o del espacio.

La **línea** es la representación de una serie indefinida de puntos. La línea se denomina recta cuando dos de los puntos que la definen se unen por la distancia más corta que los separa. Como indica su propia definición, una recta es infinita. En el momento que se marcan dos puntos que forman parte de la misma es cuando se está definiendo un principio y un fin. Por tanto, a partir de ahí se obtiene un **segmento** de recta con una posición totalmente definida, y con una separación entre sus dos puntos extremos que determinan su longitud.

La línea, además de recta puede ser también **quebrada o poligonal,** cuando está formada por segmentos rectos, con continuidad entre ellos pero que no se encuentran alineados.

Una línea poligonal puede ser abierta o cerrada:

- **Poligonal abierta** es aquella en la que sus segmentos inicial y final no se unen.
- **Poligonal cerrada** es cuando se crea un espacio cerrado entre sus segmentos. Cada uno de ellos está unido a otros dos. Una línea poligonal cerrada da lugar a un **polígono.**

Nota

Un polígono se denomina regular cuando todos sus segmentos tienen la misma longitud y sus vértices se pueden circunscribir en una circunferencia que pasa por cada uno de ellos.

El polígono es irregular si los segmentos que lo componen no son de la misma longitud y sus vértices no se circunscriben en un círculo.

Según el número de lados que tiene un polígono, se denomina:

3 LADOS	TRIÁNGULO
4 LADOS	CUADRILÁTERO
5 LADOS	PENTÁGONO
6 LADOS	HEXÁGONO
7 LADOS	HEPTÁGONO
8 LADOS	OCTÓGONO
... y de esta forma progresivamente.	

Otro tipo de línea es la curva, que se define como la sucesión de puntos en un plano o en el espacio y que en su desarrollo no cuenta con ningún tramo recto. Cuando la curva es cerrada y todos sus puntos son equidistantes de su centro, se denomina **circunferencia.** Cuando la línea curva es cerrada y la distancia de cada punto al centro es variable se trata de una **elipse.**

En el siguiente cuadro recoge algunos ejemplos de figuras geométricas básicas:

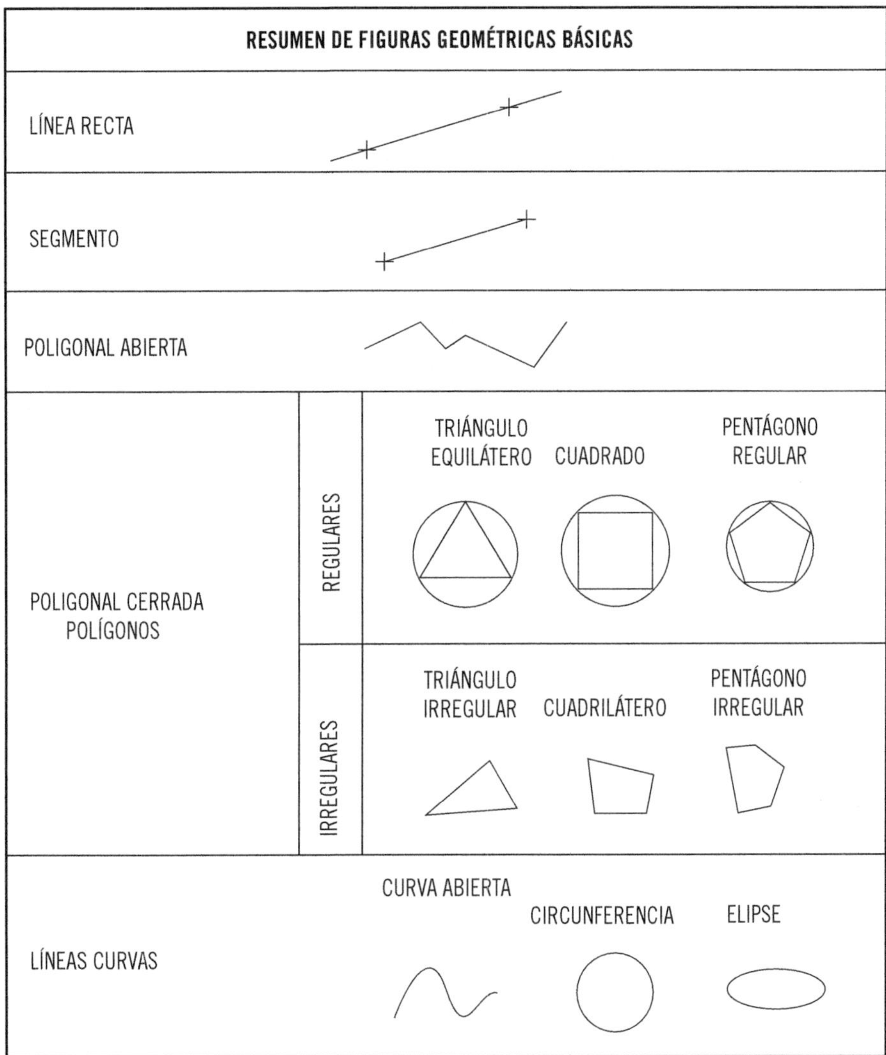

3.3. Determinación de superficies

Una cualidad importante del profesional de albañilería es tener los conocimientos básicos para determinar la magnitud de una superficie dada. Le será muy útil conocer la superficie de un elemento concreto a la hora de realizar la previsión de material necesario para una determinada tarea o el tiempo estimado de ejecución. Para ello, debe conocer como mínimo que:

- La superficie de un cuadrado resulta de multiplicar la longitud de su lado por sí misma.
- La superficie de un rectángulo resulta de multiplicar su lado mayor por su lado menor.
- El área de un triángulo se obtiene de multiplicar su base por la altura y dividiendo el total entre dos, siendo la base uno de sus lados y la altura es la perpendicular al lado base, que pasa por el vértice opuesto.
- La superficie de un círculo se calcula elevando al cuadrado la longitud del radio, es decir multiplicando dicha longitud por sí misma y multiplicando el resultado por el número pi (3,14).

Determinación de superficies de figuras básicas

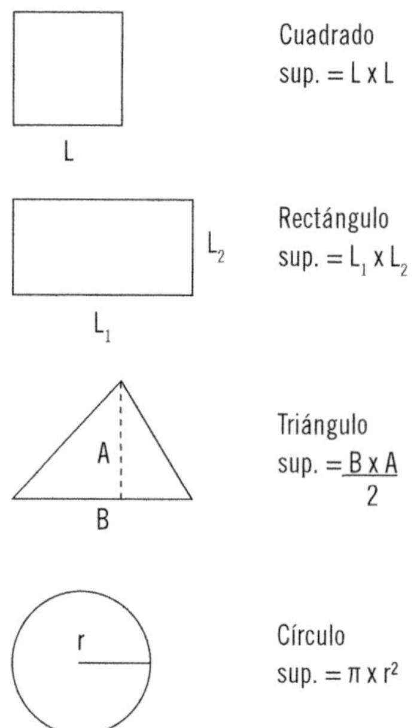

Conocida la forma de determinar la superficie de figuras básicas, si se ha de obtener la superficie de una figura compleja, se puede dividir esta en "porciones" que formen rectángulos, cuadrados o triángulos. Se halla la superficie de estos independientemente y posteriormente se suman, obteniendo la superficie total.

Aplicación práctica

Se va a ejecutar una partición interior en una oficina, realizada mediante tabicón de ladrillo hueco doble. Se da como dato el siguiente croquis del tabicón, en alzado. Las cotas están en metros. Tiene una longitud de 4,35 m y una altura de 2,70 m, con un chaflán en una esquina con las medidas indicadas en el croquis:

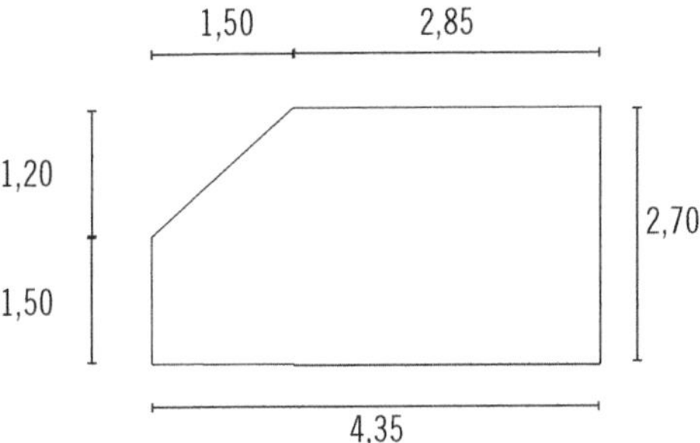

Se pide realizar una previsión de la cantidad de ladrillos necesarios que hay que acopiar en el tajo, sabiendo que por cada metro cuadrado de tabicón se necesitan 35 ladrillos.

SOLUCIÓN

En primer lugar se puede dividir la superficie en porciones que nos permitan calcular la superficie de cada una.

Continúa en página siguiente >>

<< Viene de página anterior

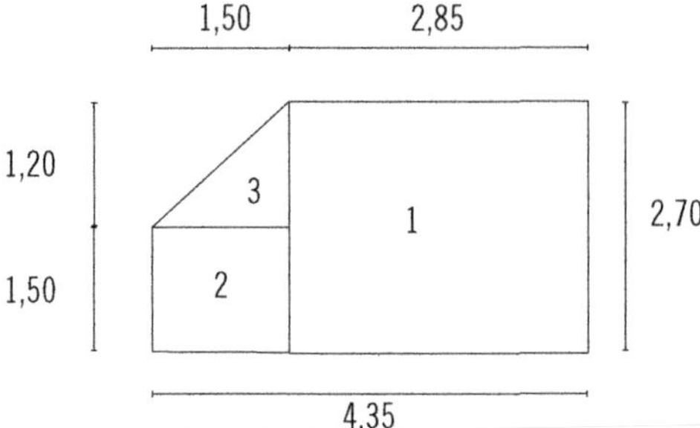

Superficie 1. Rectángulo de 2,85 m de base y 2,70 m de altura.

Su superficie es 2,85 x 2,70 = 7,70 m^2.

Superficie 2. Cuadrado de 1,50 m de lado.

Su superficie es 1,50 x 1,50 = 2,25 m^2.

Superficie 3. Triángulo de 1,50 m de base y 1,20 m de altura.

Su superficie es (1,50 x 1,20) / 2 = 0,90 m^2.

La superficie total de tabicón es:

S1 + S2 + S3 = 7,70 m^2 + 2,25 m^2 + 0,90 m^2 = **10,85 m^2**.

Por tanto, los ladrillos que necesita para un tabicón con una superficie de 10,85 m^2 son:

10,85 m^2 x 35 ladrillos = 379,75

– Redondeando = **380 ladrillos**

3.4. Replanteos elementales

Antes de comenzar el replanteo es esencial examinar los útiles y herramientas que se van a utilizar en el mismo. Se debe verificar su correcta disposición y que sus posibles errores se encuentran en los márgenes admisibles.

Importante

El resultado del replanteo debe comprobarse al menos dos veces. En los replanteos principales, en los que de ellos dependen parámetros importantes del edificio, el proceso se debe reiterar cuantas veces sea necesario hasta tener la certeza de que se ha realizado correctamente y con exactitud.

Antes de cualquier replanteo es esencial examinar a fondo el proyecto de obra, a fin de familiarizarse con el mismo y detectar previamente posibles errores, así como analizar las consecuencias de los mismos. En los replanteos iniciales es también necesario comprobar las dimensiones del solar, observando que concuerdan con las medidas especificadas en proyecto. En replanteos posteriores se debe comprobar también que la zona sobre la que se va a trazar se ajusta a los planos. En caso de existir cualquier discrepancia se deben analizar las consecuencias que pueden originar los cambios que sea necesario incluir.

Entre los múltiples útiles y medios auxiliares que pueden intervenir durante la realización de un replanteo destacan varios que son de uso común en cualquier trazado y que se recogen en la Tabla.

ÚTILES Y MEDIOS AUXILIARES		
Reglas metálicas	Cuerda de marcar	Escuadra de albañil
Pintura para marcar	Yeso	Mortero
Lápiz	Papel	Calculadora
Plomada	Nivel de burbuja	Nivel de manguera
Metro	Cinta métrica	Jalones o miras
Trozos de armaduras	Alambre	Clavos
Camillas	Estacas	Recipiente con agua

Replanteo de línea recta

Para trazar una alineación, lo primero que se deben ubicar es al menos dos de sus puntos. Dichos puntos deben situarse midiendo desde puntos conocidos y fijos, que han de estar definidos en los planos.

Una vez situados y trazados los puntos que generan la alineación, existen varios métodos básicos para el replanteo de la línea. Entre los más conocidos y utilizados se encuentra el uso de una regla metálica o el trazado mediante **cuerda de señalar.**

Sabía que...

La cuerda de señalar se denomina también bota de azulete y tiralíneas.

En ambos casos, el procedimiento es básicamente similar.

Con la **regla metálica** se hace coincidir una arista de la misma con los dos puntos señalados y se unen las dos marcas a través de un trazo, apoyándose en el lateral de la regla, y que se puede realizar con tiza, pintura, lápiz, etc.

La **bota de azulete** consiste en un pequeño recipiente cerrado, en cuyo interior se enrolla una cuerda de poco grosor que se extrae a través de un orificio. En el interior de su carcasa, la cuerda se impregna de una sustancia que hace que el hilo al contacto con una superficie deje una marca lineal.

El proceso de trazado con este útil consiste en hacer pasar el hilo tensado por los dos puntos de referencia, con lo cual se necesita la actuación de dos operarios. Una vez tensado, se hace rebotar el hilo sobre la superficie, dejando una marca con la línea que se pretende replantear.

La selección de uno u otro método obedece a varios factores, principalmente:

- **Tipo de superficie sobre la que se replantea.** Para realizar el replanteo con regla metálica es necesario que la superficie sobre la que se va a marcar tenga una buena planeidad. En caso contrario, la regla no se adapta a la superficie y resulta difícil hacerla pasar por los dos puntos. En ese caso es aconsejable utilizar la bota de azulete.
- **Distancia entre los puntos que definen la alineación.** Las reglas metálicas habitualmente utilizadas en albañilería tienen una longitud limitada, de no más de 3 o 4 m como máximo. Si la distancia entre los puntos que definen la alineación es mayor se debe optar por usar la bota de azulete, que se comercializa con una longitud de hilo de 30 m o incluso mayor, para casos más concretos.
- **Posibilidad de contar con ayuda para realizar la tarea.** Las características del método de trazado mediante hilo de marcar hace necesaria la presencia al menos de dos operarios.

Cuando se necesita un replanteo de elevada exactitud o las distancias a trazar son considerables, se utilizan métodos y útiles más sofisticados como pueden ser los instrumentos láser.

Replanteo de una curva

Para el replanteo de una **curva** se debe conocer su centro y la medida del radio. En el caso de que se marque una porción de circunferencia, se debe conocer su punto de inicio y de final, que delimitan exactamente la ubicación del arco.

Nota

La curva es una sucesión de puntos en la que todos son equidistantes a su centro.

La forma más habitual de realizar el replanteo de una curva en albañilería es utilizando un clavo o punta de acero y una cuerda. Se coloca el clavo en el punto del centro de la curva y se ata la cuerda. Tomando la cuerda con la longitud igual al radio del arco, se sitúa en el otro extremo un marcador y se realiza el trazo.

3.5. Trazado de escuadras

Se dice que dos alineaciones están a escuadra cuando entre ambas se forma un ángulo recto, es decir, son perpendiculares entre sí. En albañilería es muy importante dominar el trazado de escuadras con exactitud, ya que con bastante frecuencia las distribuciones, particiones o cerramientos de un edificio se desarrollan formando ángulos rectos entre ellos.

Nota

Dos alineaciones se cruzan en ángulo recto cuando entre ambas se forman cuatro ángulos idénticos, es decir, ángulos de 90º sexagesimales.

El método más básico del trazado de escuadras es utilizando la **escuadra de albañilería.** Se trata de una herramienta ejecutada con dos pletinas rígidas de acero, unidas por sus extremos formando un ángulo recto. Habitualmente, se encuentra reforzada con otra pletina colocada en oblicuo para garantizar la rigidez del conjunto. Cada uno de los lados que forma la escuadra suele tener unos 50-60 cm.

La forma de utilizarlo es apoyando uno de los lados de la escuadra en una alineación ya trazada, haciendo coincidir el vértice de la herramienta con el punto por el que se desea replantear la perpendicular. Realizando el trazo apoyándose en el otro lateral de la escuadra se obtiene la perpendicular. Posteriormente, se puede prolongar utilizando una cuerda o tiralíneas.

Consejo

Debido a las dimensiones y el método de uso de la escuadra de albañilería, no es aconsejable para el trazado de alineaciones perpendiculares de longitud relevante, ya que al prolongar la línea, el error en el otro extremo puede ser importante.

Métodos gráficos de trazado de escuadras

Para este sistema se necesita tener la posibilidad de trazado a ambos lados de la alineación que sirve de base.

Se toman dos puntos A y B de la alineación base. Mediante la utilización de una cuerda, compás o cualquier otro método de replanteo de curvas, se dibuja un segmento de arco a ambos lados de la alineación, con centro en uno de los puntos y con radio igual a la distancia entre A y B. De la misma forma, se realiza otro arco tomando como centro el otro punto. Al unir los dos puntos donde se cruzan ambas curvas, se obtiene una alineación perpendicular a la línea base.

Esquema de trazado gráfico de escuadras

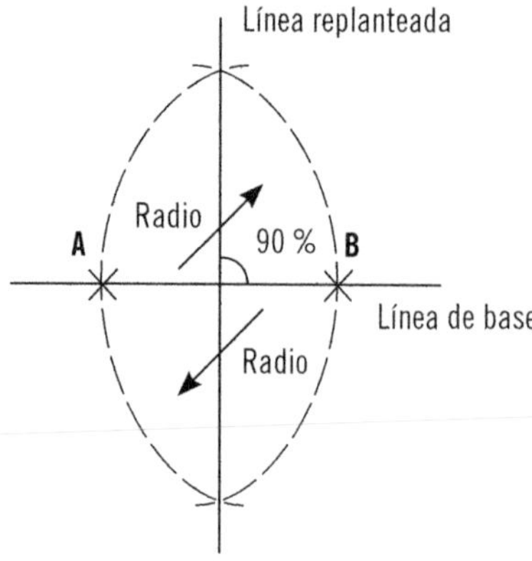

Si se necesita que la perpendicular pase por un punto definido de la recta base, se deben marcar los puntos A y B de forma que sean equidistantes a ambos lados de ese punto de referencia.

Otra condición que se puede dar es que la línea a escuadra pase por un punto dado, no contenido en la recta sobre la cual se quiere trazar la perpendicular, es decir, un punto externo a la alineación de base.

En ese caso se debe trazar un arco cuyo centro sea el punto exterior por el que debe pasar la línea a escuadra y con un radio suficiente para que corte en dos puntos a la línea de base. Esas dos intersecciones entre el arco y la línea son las que definen los puntos A y B como base del trazado. A partir de ahí, la forma de replanteo es idéntica a lo indicado en párrafos anteriores, y con ello la línea a escuadra pasará por el punto requerido.

Métodos numéricos de trazado de escuadras

Este método de trazado se basa en la relación entre las longitudes de los tres lados de un triángulo rectángulo.

Definición

Triángulo rectángulo

Es aquél que tiene uno de sus ángulos rectos, es decir, que dos de sus lados forman 90° entre sí.

Los dos lados más cortos, que forman el ángulo recto se denominan catetos.

El otro lado, el de mayor longitud, contrario al ángulo recto, se llama hipotenusa.

En un triángulo rectángulo siempre se cumple que:

$$a^2 = b^2 + c^2$$

Siendo "b" y "c" la longitud de cada uno de los catetos y "a" la longitud de la hipotenusa.

Basándose en este teorema, existe una forma de trazado de escuadras utilizando el método de 3-4-5, que componen una serie de medidas que cumplen la condición expresada en la fórmula:

$$(5)^2 = (3)^2 + (4)^2 \rightarrow 25 = 9 + 16$$

El método de replanteo consiste en formar con cuerda tensada un triángulo en el que los catetos y la hipotenusa tengan longitudes de 3, 4 y 5 m, respectivamente. Haciendo coincidir uno de los catetos con la alineación base sobre la que se quiere trazar una escuadra. El otro cateto marca la alineación buscada perpendicular a la primera.

Esquema de trazado numérico de escuadras

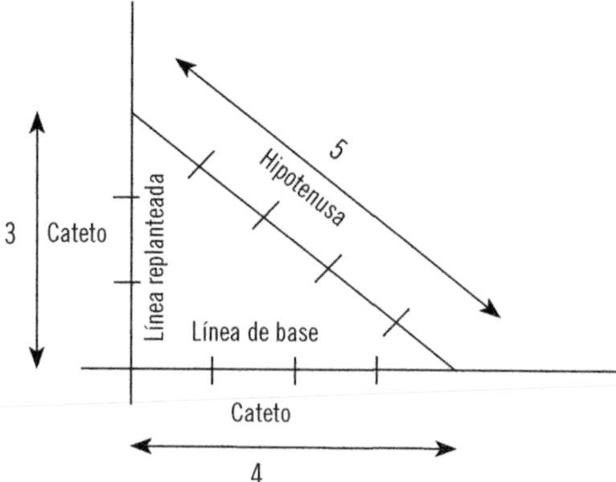

Dependiendo del espacio de que se dispone y de la longitud de la alineación a trazar, el triángulo se puede realizar con sus lados de mayor o menor medida, pero siempre cumpliendo entre ellos la relación del triángulo rectángulo.

Son válidas las medidas del triángulo que sean múltiplos o submúltiplos de 3, 4 y 5, como por ejemplo, las relaciones recogidas en la siguiente tabla.

CATETOS		HIPOTENUSA
A	**B**	**C**
30 cm	40 cm	50 cm
60 cm	80 cm	100 cm
1,20 m	1,60 m	2,00 m
2,40 m	3,20 m	4,00 m
3,00 m	4,00 m	5,00 m
6,00 m	8,00 m	10,00 m
9,00 m	12,00 m	15,00 m
12,00 m	16,00 m	20,00 m

Cuanto mayor sea la medida de los lados del triángulo, mayor exactitud se alcanza en el trazado de la escuadra. No obstante, a veces los obstáculos y características de la obra obligan a elegir una serie de reducidas dimensiones, lo que incrementa el posible error de trazado de la escuadra.

3.6. Disposición de plomos y niveles

Los plomos y niveles son útiles de albañilería con los que se puede comprobar la verticalidad o la horizontalidad de un elemento.

La **plomada** se utiliza para establecer la alineación vertical de un punto o de un paramento. Está formada por una cuerda que en su extremo inferior tiene atado un peso, generalmente, con una pieza de plomo o acero, con la que se determina la verticalidad de un elemento. En la parte superior de la cuerda cuenta con una chapa o cilindro, cuyo diámetro es igual a la pieza de la parte inferior, a fin de colocarla de forma paralela al paramento que se ha de nivelar.

Utilización de la plomada

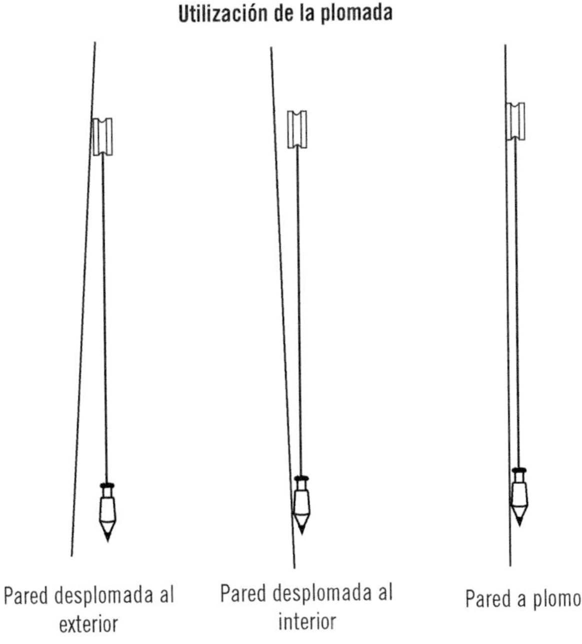

En el caso de niveles, se conocen dos grupos o tipos diferenciados:

- Nivel de burbuja.
- Nivel de vasos comunicantes o de manguera.

Nivel de burbuja

Compuesto por una pieza prismática de forma alargada, normalmente metálica, y que tiene una ampolla de cristal en sentido longitudinal para comprobar la horizontalidad. También es usual que cuente con otra ampolla, en sentido perpendicular, con la que se puede verificar la verticalidad de un elemento de la obra.

La ampolla de cristal se encuentra llena de líquido hasta dejar una burbuja en su interior, que se desplaza por la misma según la posición del nivel. La ampolla cuenta con unas marcas grabadas en la zona central y cuando la burbuja permanece centrada de forma equidistante entre ellas, señala la correcta nivelación de la superficie. En caso de que la burbuja no quede centrada entre las marcas, dependiendo hacia el lado que se desplace, nos indica la dirección y el grado de desnivel que tiene la superficie analizada.

Nivel de burbuja

Importante

Cuanta más longitud tenga el nivel, más exacta será la alineación conseguida.

Nivel de vasos comunicantes

El nivel de vasos comunicantes o de manguera consta de dos receptáculos que se unen mediante un tubo transparente a través del cual pasa líquido de un recipiente a otro. Este tipo de nivel se utiliza cuando es necesario trasladar un punto de nivel a otra zona, manteniendo la misma nivelación.

El líquido que se usa ha de ser homogéneo para que la superficie de llenado de ambos vasos esté al mismo nivel. De esta forma, si se hace coincidir la superficie de llenado de uno de los recipientes con un punto de nivel conocido, con el otro vaso se puede marcar cualquier punto que se encuentre al mismo nivel que el primero.

3.7. Determinación de planeidad

Un paramento cuenta con una mayor planeidad cuanto más liso sea y no aparezcan deformidades o curvaturas en su superficie.

La planeidad se determina utilizando una regla de 2 m, que se apoya longitudinalmente en varios puntos del paramento, y se mide la máxima distancia existente entre cualquier punto de la regla y la superficie analizada. A mayor separación, más defectuosa es la planeidad del paramento.

Dependiendo del tipo de paramento ejecutado, los materiales utilizados y si es a cara vista o para revestir, la tolerancia admisible en cuanto a la planeidad del mismo puede variar. Esta tolerancia debe venir especificada en proyecto o en el pliego de condiciones, o en su defecto, con referencia a la normativa que al respecto le sea aplicable al tipo de superficie sobre la que se está realizando la medición de planeidad.

3.8. Colocación de miras. Utilización de las mismas

En la ejecución de fábricas de albañilería, la mira o regla es una barra alargada metálica, de sección cuadrada hueca, que una vez realizado el replanteo, se coloca verticalmente en las esquinas, cambios de dirección o formación de huecos de la fábrica.

Se realizan marcas en las miras, a la altura de cada hilada, coincidiendo con estas marcas se tienden cuerdas de una mira a otra para garantizar la alineación y horizontalidad de las hiladas. Conforme se va ejecutando la fábrica, esta cuerda se va subiendo con la altura de la siguiente hilada.

Utilización de las miras

En el caso de fábrica vista es necesario cuidar especialmente la horizontalidad y espesor de las juntas y, por tanto, se coloca la cuerda de alineación en cada una de las hiladas. Cuando la fábrica va destinada a ser revestida, se puede subir la cuerda con la altura de varias hiladas, cuyo número dependerá del tipo ladrillo o bloque que se utilice, del aparejo y de la experiencia del operario en su ejecución.

Ejemplo

Para levantar un muro de ladrillo macizo sobre una alineación que está ya replanteada la secuencia es:

- Colocación vertical de las miras en los extremos de la línea de replanteo y en los puntos singulares como situación de huecos, cambios de dirección, etc.
- Tras la preparación de los útiles y herramientas necesarios, comprobación de la verticalidad de las miras con la plomada.
- Preparación de la zona de trabajo, acopio de los ladrillos y del mortero de agarre junto a la ubicación de la fábrica.
- Con ayuda de la cinta métrica, realizar marcas a la altura de cada hilada en todas las miras verticales.
- Realizar el humedecido previo de los ladrillos a utilizar. Colocar la primera hilada de ladrillos, a restregón, asentándolos sobre una capa previamente dispuesta de mortero. Con la paleta, colocar una torta de mortero en la testa de cada uno de los ladrillos que vamos a colocar para que quede rellena la llaga vertical.
- Una vez acabada la primera hilada, colocar cuerda de atirantar, tensándola entre todas las miras a la altura de la marca de la segunda hilada.
- Comprobar la horizontalidad de la alineación mediante el nivel de burbuja.
- Con la paleta, colocar una capa de mortero sobre la primera hilada, formando el tendel, en una longitud aproximada de 8 o 10 ladrillos.
- Colocar sobre la misma la siguiente hilada, de la misma forma que en la hilada anterior.
- Continuar repitiendo el proceso de relleno del tendel y colocación de los ladrillos en tramos de 8 a 10 piezas hasta completar la hilada a lo largo de todo el muro.
- Mantener en todo momento sobre la hilada en ejecución el nivel de burbuja para verificar la horizontalidad de la fábrica, avanzándolo con el tajo.
- Subir la cuerda de atirantar hasta la siguiente marca en todas las miras y repetir el proceso completando hiladas.
- Con la paleta, retirar el mortero sobrante de las juntas, y proceder a la terminación de las llagas utilizando un llaguero.
- Continuar hasta completar toda la altura de la fábrica.

4. Resumen

Los trabajos más frecuentes ejecutados por albañiles son:

- Replanteos.
- Obras de fábrica: muros, cerramientos, particiones, tabiquerías, etc.
- Solados. Aunque en obras de mayor tamaño este trabajo normalmente se encuentra especializado, desarrollándolo los soladores.
- Alicatados. Ocurre igual que en el caso de los solados, que en la actualidad la tendencia es que estos trabajos los ejecuten albañiles especializados en los mismos como son los alicatadores.
- Revestimientos continuos. Especialmente los ejecutados con mortero de cemento. En el caso de revestimientos de yeso o escayola es habitual que recaiga su ejecución en los yesistas y escayolistas.
- Cubiertas. Incluyéndose dentro de trabajos de albañilería las formaciones de pendientes y faldones.
- Recibido de carpinterías. Colocación de premarcos.
- Saneamiento enterrado. Ejecución de arquetas de fábrica de ladrillo y colocación de colectores.
- Ayudas a instalaciones. Colocación y recibido de tubos y canalizaciones de instalaciones, cajetines de mecanismos eléctricos, colocación de sanitarios...

Las fábricas de albañilería pueden ser:

- Para cerrar o delimitar espacios.
    - Cerramientos: de fachada o medianeros.
    - Particiones: tabiquerías.
- Para soportar cargas. Muro portante.

Los materiales más utilizados en albañilería suelen ser:

- Pétreos.
- Cerámicos.
- Aglomerantes.

- Morteros y hormigones.
- Metálicos.
- Maderas.
- Plásticos.
- Bituminosos.

Las unidades elementales de medidas que se usan en construcción son:

- La unidad elemental de longitud es el metro (m).
- La unidad elemental de superficie es el metro cuadrado (m^2).
- La unidad elemental de volumen es el metro cúbico (m^3).

El replanteo de una escuadra se puede realizar entre otros métodos:

- De forma gráfica: trazando arcos de igual radio que se cortan.
- De forma numérica: midiendo con la regla de 3-4-5.

Los plomos y niveles son útiles de albañilería que sirven para verificar la verticalidad o la horizontalidad de un elemento de la obra.

Con el uso de las miras y los hilos de atirantar, se garantiza la alineación de una fábrica y la horizontalidad de sus hiladas.

Ejercicios de repaso y autoevaluación

1. De las siguientes frases, indique cuál es verdadera o falsa.

a. Cuando una fábrica se destina a cerrar espacios con el exterior o con otros edificios se denomina tabiquería.

- ☐ Verdadero
- ☐ Falso

b. Cuando la fábrica de ladrillo sirve para delimitar o separar espacios interiores del edificio se denomina particiones.

- ☐ Verdadero
- ☐ Falso

c. Un muro portante es una fábrica destinada a soportar cargas.

- ☐ Verdadero
- ☐ Falso

d. Cuando una fábrica actúa de cerramiento con otro edificio o solar se denomina fachada.

- ☐ Verdadero
- ☐ Falso

---

2. Relacione las definiciones correspondientes a cada una de las partes y tipos de una fábrica de albañilería.

a. Capa de mortero o aglomerante que forma la separación entre las piezas.
b. Junta horizontal. Separa unas hiladas de otras.
c. Ladrillos, bloques o piedras que distribuidos según un determinado aparejo dan forma a la obra de fábrica.
d. Hileras horizontales formadas por las piezas colocadas unas junto a otras en una fábrica con aparejo regular.
e. Junta vertical. Separa las piezas de la misma hilada.

__ Piezas.
__ Junta.
__ Hilada.
__ Llaga.
__ Tendel.

3. Indique las tres etapas diferenciadas que conllevan la realización de una pared o muro.

____

____

4. Complete las siguientes definiciones:

a. Aparejo es la forma o modo de ___________ y acoplar ___________, sillares, mampuestos o bloques, de forma ______________ , para la formación de _______, arcos, ______________ u otros elementos de albañilería.
b. Dintel es el elemento de soporte ____________, ____________en sus dos extremos, y que sustenta una ________. Habitualmente, es la parte _________ de los _________ de un cerramiento o muro, que apoya sobre las _________ .
c. Tabique se denomina a la ______________ realizada habitualmente con ladrillo, __________ __________colocado por ____________, para ejecutar particiones fijas en _________________ de edificios.
d. Roza es una pequeña ________________ que se realiza en la ____________ de tabiquerías o _______________ a fin de realizar el _____________ de tuberías o elementos de las _____________.

---

5. La cara de mayor tamaño de un ladrillo se denomina:

a. Testa
b. Soga
c. Tabla
d. Canto

6. Indique cuál de las siguientes afirmaciones es falsa:

a. El conjunto de pequeños fragmentos o gránulos, denominado árido, es un material pétreo.
b. Los materiales cerámicos son producidos por la cocción de arcillas seleccionadas.
c. El cemento es un conglomerante hidráulico que se obtiene mediante la calcinación en horno de mezclas de arcilla y piedra caliza finamente molidas.
d. Los materiales bituminosos son aquellos que cuentan como componente principal el betún, siendo su principal cualidad la resistencia a esfuerzos de compresión.

7. Relacione las definiciones que corresponden a cada uno de los elementos geométricos indicados.

a. Línea en la que dos de los puntos que la definen se unen por la distancia más corta que los separa.
b. Línea formada por segmentos rectos, con continuidad entre ellos pero que no se encuentran alineados.
c. Polígono en el que todos sus segmentos tienen la misma longitud, y sus vértices se pueden circunscribir en una circunferencia que pasa por cada uno de ellos.
d. Polígono en el que los segmentos que lo componen no son de la misma longitud y sus vértices no se circunscriben en un círculo.
e. Línea formada por una sucesión de puntos en un plano o en el espacio, y que en su desarrollo no cuenta con ningún tramo recto.

__ Polígono regular.
__ Línea recta.
__ Curva.
__ Polígono irregular.
__ Quebrada o poligonal.

8. De los útiles, herramientas o medios auxiliares relacionados a continuación, indique cuales son de uso común durante la realización de un replanteo.

a. Mesa de corte.
b. Cinta métrica.
c. Puntales.
d. Cuerda de marcar.
e. Vibrador.
f. Escuadra de albañil.
g. Taladradora.
h. Soplete.
i. Pintura para marcar.
j. Estacas.

9. Enumere tres métodos utilizados para el trazado de escuadras.

____

____

____

____

10. El útil o medio que nos permite trasladar un punto de nivel a otra zona, manteniendo la misma nivelación, se denomina...

a. ... nivel de burbuja.
b. ... nivel de vasos comunicantes.
c. ... plomada.
d. ... mira.

Capítulo 2

Empleo de útiles, herramientas y pequeña maquinaria

Contenido

1. Introducción

Para el desarrollo correcto de su trabajo, el operario de albañilería necesita valerse de una serie de útiles, herramientas y pequeña maquinaria que le faciliten su actividad y la realización de tareas mecánicas o en las que sea necesario administrar una determinada energía. En general, podemos distinguir entre:

- **Útiles:** elementos que ayudan al albañil a realizar su tarea correctamente y con mayor exactitud, como cinta métrica, niveles, plomadas, escuadras...
- **Herramientas:** son los elementos de los que se vale el albañil para la ejecución directa del trabajo que está realizando y que tienen un uso manual utilizando la energía del propio operario como la paleta, llana, fratás, martillo, maceta...
- **Pequeña maquinaria:** son herramientas adaptadas, que tienen funcionamiento mecánico y que para su funcionamiento se accionan mediante aporte de algún tipo de energía externa, como son el taladro, mezcladoras mecánicas, pequeñas hormigoneras, cortadoras de material cerámico...

2. Conocimiento de útiles y herramientas de uso en obras de albañilería

La mayoría de las herramientas manuales de uso en albañilería son metálicas, pudiendo tener el mango o asidero de madera, aunque actualmente, cada vez más, se encuentran herramientas con la empuñadura en PVC o de fibra de vidrio recubierta de goma que hacen más cómodo, seguro y ligero su uso.

2.1. Características y propiedades de cada elemento

Conocida la variedad de actividades y tareas que puede desarrollar el albañil, son muchos los útiles y herramientas de que dispone. Como referencia general se pueden citar los de la tabla.

ALGUNOS EJEMPLOS DE HERRAMIENTAS			
Paletas	Llana	Fratás	Espátula
Tenazas	Alicates	Martillo	Maceta
Cincel	Pala	Pico	Sierra

ALGUNOS EJEMPLOS DE ÚTILES DE ALBAÑILERÍA			
Cinta métrica	Medidores de distancias	Niveles	Plomada
Artesa	Aplicador de siliconas	Regla	Cinturón portaherramientas
Caja de herramientas	Escuadra de albañil	Lápiz de trazar	Hilo de replanteo

Paletas

Las paletas son las herramientas que más comúnmente se asocian al oficio de albañil. Se trata de una chapa plana delgada de acero, dotada de un mango de madera o de fibra, que se usa especialmente para la manipulación de pastas y morteros. Según su forma se distinguen:

- **Paleta:** de forma sensiblemente triangular, con el vértice delantero acabado redondeado.
- **Paletín:** de menor tamaño que la paleta, con terminación puntiaguda del vértice.
- **Paleta cuadrada:** es otra variedad de la paleta, en la que la parte delantera tiene una terminación recta, formando un rectángulo.

Paletín

Llana

La llana es una herramienta formada por una chapa delgada de acero, de forma rectangular, con un asidero de madera o fibra en el centro de su cara superior.

Fratás

El fratás es similar a la llana, de forma rectangular, pero la superficie de trabajo está realizada con madera o plástico.

Mazo o maceta

El mazo es una variedad de martillo, más grande y pesado, dotado de mango para su manejo. Se usa cuando es necesario romper o desmontar los ladrillos de una pared o clavar algún elemento que requiera el empleo de una elevada energía.

Existe una variedad de mazos de goma, con la cabeza realizada con goma muy compacta, que es utilizado principalmente en labores de solado y para asentar las baldosas golpeándolas sin riesgo de romperlas.

Tenazas

La tenaza es una herramienta de corte, que el albañil utiliza para cortar ladrillos o losas previamente marcados con una sierra de corte, extraer clavos, cortar alambre, etc.

Cincel

Pieza de acero alargada y delgada, con el extremo acabado en punta o instrumento de corte, utilizada mediante golpeo con la maceta, para corte de ladrillos y trabajar la piedra o mampostería.

Artesa

Es un recipiente abierto en su parte superior, con forma troncopiramidal invertida, que se utiliza para elaboración manual de pequeñas dosis de mortero o pasta.

Carretillas

Es un útil manual para el transporte de materiales en el interior de la obra. La carretilla manual consta de un recipiente o contenedor de transporte abierto por su parte superior, que dispone de una rueda en su parte delantera y unos mangos en su parte trasera.

La colocación de los materiales en la carretilla se debe realizar cuidando siempre de dejar un margen en la altura de rebose para evitar vuelcos y vaciados fortuitos.

Consejo

Nunca se debe utilizar la carretilla para el transporte de personas.

Cinta métrica

La cinta métrica es el útil básico de albañilería para las labores de replanteo y medición en obra.

El más utilizado es una cinta metálica de poco espesor, flexible, que se enrolla sobre sí misma alojándose en una carcasa metálica o de plástico. La cinta se encuentra dividida mediante marcas en unidades de medida, que sirven para determinar la longitud de cualquier elemento.

También se puede encontrar cintas fabricadas en fibra o en materiales plásticos, si bien ofrecen menos exactitud que las cintas de acero, ya que pueden sufrir alargamientos al estirarlas, falseando el resultado de la medición realizada.

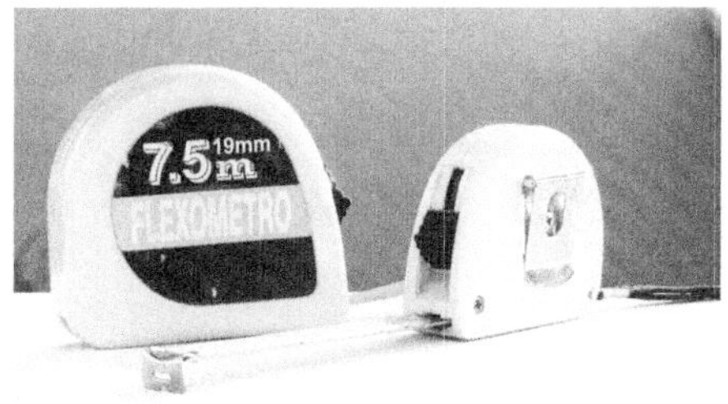

Cinta métrica

Algunos modelos de cintas métricas pueden tener en la carcasa un sistema de freno que impide que la cinta se enrolle cuando se necesita mantenerla extendida. Sin el sistema de freno, la cinta se enrolla automáticamente en el momento de soltar el extremo.

Nota

Las cintas más usuales en albañilería tienen una longitud comprendida entre 3 y 10 m. Para otro tipo de mediciones de mayores distancias existen cintas métricas con longitudes que llegan hasta 50 m, y en ocasiones se pueden encontrar cintas de hasta 100 m.

Otros sistemas de medida

Actualmente, existen otros sistemas de medición de distancias mucho más exactos y fiables. Son pequeños dispositivos electrónicos que, mediante la emisión de ondas de ultrasonidos o mediante láser, determinan la distancia exacta desde el aparato hasta el elemento situado perpendicularmente a su lente.

Medidor láser

Se basa su medición, en ambos casos, en función del tiempo transcurrido entre la emisión de la onda y su recepción por la lente del dispositivo tras su rebote en el elemento a determinar la distancia.

Son de mayor precisión y exactitud los medidores láser que los de ultrasonidos, ya que en estos últimos influyen en la onda otras variables externas como temperatura, presión, obstáculos o personas que se encuentren en la cercanía del campo de la onda, etc., falseando la exactitud de la medición. También influye en el error del medidor de ultrasonidos la falta de perpendicularidad de la superficie de rebote, o superficie sobre la que se mide, al no devolver de forma correcta la onda emitida.

Estos problemas de imprecisión no aparecen en los medidores láser, que no se ven afectados por los condicionantes descritos en los medidores de ultrasonidos.

Importante

La mayoría de medidores de ultrasonidos incorporan un puntero luminoso rojo para que el usuario tenga una referencia visual del punto sobre el que está midiendo, pero se trata de un elemento de ayuda para apuntar. La medición se realiza por onda de ultrasonido con su correspondiente margen de precisión influido por los factores indicados anteriormente.

Útiles de nivelación

Son útiles que el albañil utiliza para comprobar la horizontalidad o verticalidad de una superficie, o bien, para trasladar la cota de nivel de un punto a otro punto dado.

Para ello, y como ya vimos en el capítulo 1, existen principalmente dos tipos de niveles:

Nivel de burbuja
Nivel de vasos comunicantes

El **nivel de burbuja** consiste en una pieza alargada, que cuenta en su interior con un pequeño tubo que contiene una burbuja que se desplaza entre dos marcas señaladas en la parte superior del tubo. La equidistancia de la burbuja entre las dos marcas indica la correcta horizontalidad de la superficie.

El **nivel de vasos comunicantes** consta de un tubo delgado, flexible, lleno de líquido, donde el nivel alcanzado por el líquido en ambos extremos del tubo determina la misma cota de referencia.

En la actualidad, para nivelaciones que precisen mayor exactitud o cuando es necesario realizar nivelaciones de puntos muy distantes se usan los niveles láser, que son dispositivos electrónicos que correctamente nivelados sobre un trípode o superficie firme, mediante láser, determinan la nivelación horizontal de una determinada cota, pudiendo marcarla en cualquier paramento del entorno del aparato.

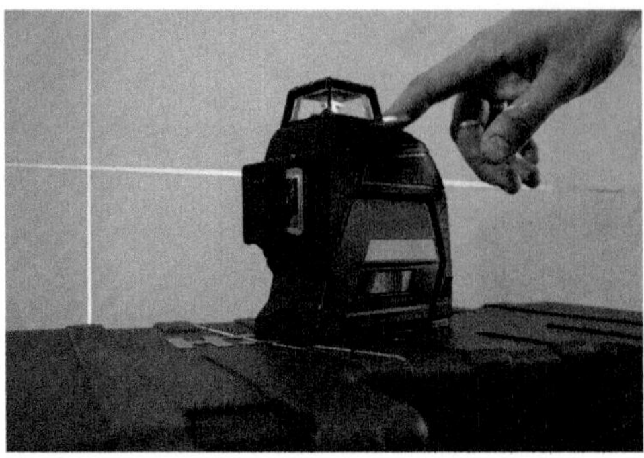

Los niveles láser ofrecen mayor exactitud

Recuerde

Además de con el nivel de burbuja, la verticalidad de un paramento se puede verificar también mediante el uso de la plomada.

La plomada queda paralela al paramento si está ejecutado correctamente en vertical

Cinturón portaherramientas

Se trata de una correa resistente y ancha, a modo de fajín, que está provisto de una serie de enganches y receptáculos para poder colgar diversos útiles y herramientas manuales.

De esta forma, el operario tiene a mano constantemente las herramientas que está usando en cada momento y además se evitan riesgos de accidente. Al llevar las herramientas ordenadas -y controladas- con el propio trabajador, se reducen los riesgos de caída de objetos a otros niveles donde pueden estar trabajando otros compañeros. También se reducen los riesgos de caídas por tropiezo al existir menos objetos repartidos en el entorno donde está desarrollando su labor.

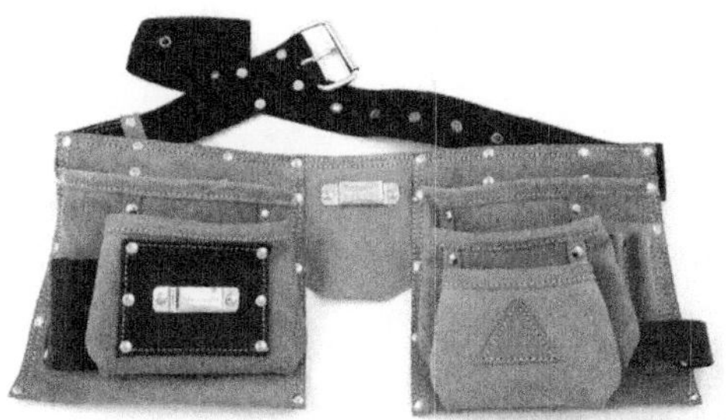

El cinturón portaherramientas facilita el trabajo y previene accidentes

2.2. Funciones apropiadas a cada útil o herramienta. Uso adecuado

Es importante que cada útil o herramienta se use destinándolo a la función para la que fue diseñado. Esto hace que se mejore el rendimiento y la calidad del trabajo final, así como la vida útil de la herramienta.

El intentar realizar cualquier actividad valiéndose de útiles o herramientas que no han sido diseñados a tal efecto solo contribuye a provocar daños y problemas a la propia herramienta, y a mermar la calidad del trabajo desarrollado.

Las **paletas** y los **paletines** son herramientas fundamentales para la ejecución de fábricas de albañilería. Le sirve al albañil para recoger el mortero o material de agarre y pegárselo en la cara del ladrillo que se va a colocar, así como repartirlo sobre el tendel del muro que está construyendo.

Recuerde

Tendel es cada una de las juntas horizontales situadas entre dos hiladas de ladrillos o bloques que forman el muro o pared.

Por su tamaño, el **paletín** se usa para trabajos más precisos, como por ejemplo la formación de muros de ladrillo a cara vista con las juntas de reducido espesor.

La **llana** sirve para la colocación y extendido de morteros o pastas en ejecución de revestimientos. Existen llanas con el borde dentado que se usan sobre todo para la colocación de morteros adhesivos, acanalando la capa colocada, de forma que se mejora el agarre del material de revestimiento.

Uso de la llana para extendido de mortero.

El uso del **fratás** está destinado a rematar la superficie final de un enfoscado o revestimiento continuo de mortero.

En cuanto a las mazas, si se trata de la **maceta,** el uso es muy versátil pudiendo valer igualmente para el desmontado o demolición de una fábrica como para la colocación de elementos o medios auxiliares que requieran mayores dosis de energía que las que pueda proporcionar un martillo.

El **mazo,** o maceta de gran tamaño dotada de puño largo, está destinado principalmente a demoliciones, en el caso de que sea necesario aplicar, de forma manual golpeos que requieren elevadas dosis de energía.

Aplicación práctica

Una cuadrilla de albañilería está encargada de realizar el replanteo de las tabiquerías interiores de una vivienda unifamiliar pequeña. Los cerramientos exteriores están ejecutados. ¿De qué útiles y herramientas se deben proveer para la realización correcta de su trabajo?

SOLUCIÓN

Deberían utilizar, al menos:

- Cinta métrica de acero, de longitud mínima de 10 m.
- Escuadra de albañil.
- Cuerda de replanteo.
- Lápiz de trazar.
- Nivel de burbuja.
- Hilo de marcado. Tiralíneas.
- Martillo y puntas de acero para fijar puntos de replanteo.

2.3. Comprobación del funcionamiento de los mismos

En muchos casos, las herramientas o útiles empleados en albañilería no cuentan con un funcionamiento por sí mismos, siendo herramientas simples de uso manual, como es el caso de martillos, paletas, cincel, etc.

En estos casos, no se puede hablar de una comprobación de su funcionamiento propiamente dicho, sino que antes de comenzar su uso se debe realizar una comprobación de su estado, verificando que no sufre deformaciones o daños importantes que impidan su utilización.

En los casos de herramientas que se usan mediante un mango o asidero, es muy importante comprobar que la unión de ambos es correcta y que no existe posibilidad de desprendimiento.

Aplicación práctica

A la misma cuadrilla anterior se le encarga el replanteo del arranque de muros resistentes de un edificio de grandes dimensiones ejecutado a distintos niveles. El replanteo ha de realizarlo marcando sobre la losa de cimentación ejecutada, de forma escalonada, a distintos niveles. ¿Qué útiles y herramientas se precisan para la realización correcta de este trabajo?

SOLUCIÓN

Por sus características y dimensiones, para su realización con la máxima exactitud, es aconsejable el uso de:

1. Nivel láser, al ser un replanteo a distintos niveles.
2. Distanciómetro láser.
3. Cinta métrica, al menos de 24 m.
4. Cuerdas de replanteo.
5. Lápiz o pintura de trazar.
6. Escuadra de albañil.
7. Martillo y puntas de acero.
8. Cabillas de acero para formación de camillas de replanteo exteriores a la losa de cimentación, marcando puntos fijos.

2.4. Limpieza y mantenimiento

Para el mantenimiento de cualquier útil o herramienta del albañil es necesario principalmente cuidar su limpieza, eliminando restos de materiales adheridos. En general, para la limpieza de la mayoría de herramientas de uso en albañilería es suficiente con agua, raspando con la propia paleta posibles restos de morteros, pastas, etc.

Al final la jornada laboral y, especialmente cuando se finaliza su uso y se va a proceder a su almacenaje, se debe realizar una completa limpieza de las herramientas utilizadas y comprobar que durante el trabajo no han sufrido deformaciones, roturas o deterioros. Una herramienta defectuosa provoca deficiencias en la calidad del trabajo que se ejecuta con su ayuda, lo dificulta y lo hace más inseguro.

Herramientas manuales diversas utilizadas en albañilería

2.5. Almacenaje

Cuando los útiles y herramientas no se encuentran en uso, se debe realizar un adecuado almacenamiento que asegure su correcto funcionamiento y durabilidad.

Normalmente, el almacenaje de las herramientas manuales de uso más habitual las realiza el albañil, guardándolas en su propia caja de herramientas.

La caja de herramientas es un pequeño contenedor portátil que sirve para guardar, organizar y trasladar los útiles y pequeñas herramientas. Suelen ser metálicas o de plástico. Las de metal aportan mayor resistencia y solidez, aunque son más pesadas que las de plástico.

En algunos casos, las cajas de herramientas cuentan con bandejas interiores independientes y compartimentos que ayudan a organizar mejor su interior.

Consejo

Es importante la colocación separada y ordenada en su interior de los útiles y herramientas que se guardan, lo cual proporciona ventajas como:

- Facilitar la búsqueda de una determinada herramienta.
- Evitar que herramientas más pesadas produzcan daños a elementos más delicados, especialmente durante el transporte.

El almacenamiento del resto de útiles y herramientas de mayor tamaño o que sean de uso común, se debe realizar en el almacén de obra, en lugar protegido, seco y aislado del terreno, evitando humedades que produzcan daños a los elementos de madera o problemas de oxidación a las partes metálicas.

A ser posible, se deben colocar en estantes, ordenadas por tipos, correctamente catalogadas e inventariadas.

Importante

Las herramientas cortantes o punzantes se deben almacenar con las zonas de corte dotadas de sus elementos protectores.

Aplicación práctica

Finalizados los trabajos de replanteo en obra, ¿qué haría con los útiles y herramientas usados?

SOLUCIÓN

Procurar su correcto almacenaje:

1. Limpieza y eliminación de restos de materiales adheridos a las herramientas.
2. Verificación del correcto funcionamiento de todo el material utilizado antes de proceder a su almacenaje.
3. Almacenamiento en lugar cubierto, preferentemente, en estanterías, aislado de la humedad y protegidos de las inclemencias atmosféricas.
4. Los elementos electrónicos y sus accesorios como el distanciómetro y el nivel láser, guardados en sus cajas, desconectados y con las protecciones antigolpes colocadas.
5. El resto de herramientas y útiles guardados en cajas de herramientas, separando del resto los más pesados, como martillo y escuadras, para que no produzcan daños en los más ligeros durante el transporte.
6. Los útiles pequeños, como las puntas de acero sobrantes, almacenadas en cajas independientes ordenadas por tamaños o en la caja de herramientas, si dispone de bandejas con compartimentos separados.

2.6. Condiciones de seguridad a observar

En general, es importante como norma básica de seguridad en el uso de herramientas, el comprobar que estas se encuentren en perfecto estado, con ausencia de deformaciones, roturas o deterioros. Una herramienta con su mango presentando roturas, astillas, etc., puede provocar daños en las manos del operario al usarlo, además de convertir su trabajo en más incómodo e ineficaz.

Otra norma de seguridad muy importante a tener en cuenta es comprobar la perfecta solidez en la unión entre el mango o asidero y el resto de la herramienta, especialmente, cuando en su uso se necesita la aplicación de gran energía, como martillos, macetas, hachas, etc., ya que un desprendimiento de la herramienta durante su manipulación puede provocar importantes daños al operario o a los compañeros que se encuentren en las proximidades.

Consejo

Cuando el trabajo se está realizando en altura, las herramientas se deben llevar en cinturones portaherramientas, diseñados específicamente para evitar el desprendimiento de las mismas.

3. Empleo de pequeña maquinaria en obras de albañilería

Para realizar trabajos de albañilería, actualmente el operario cuenta con una amplisima gama de pequeña maquinaria destinada a facilitar y dar mayor eficacia a su trabajo.

Se trata de máquinas específicas para ayudarle a preparar morteros y pastas, para realizar taladros, cortes de materiales, etc.

3.1. Características y propiedades de cada maquina

Cada máquina tiene sus propias características que es importante conocer para su uso correcto y eficaz.

Máquinas para amasado de morteros y pastas

El amasado de morteros y pastas se puede realizar ayudándose de distintas maquinas dependiendo de la cantidad necesitada.

Para la elaboración de cantidades reducidas se puede batir la mezcla utilizando una **mezcladora mecánica** en el interior de un recipiente abierto.

Cuando se han de elaborar cantidades superiores, el amasado se puede realizar utilizando una pequeña **hormigonera de obra** (u hormigonera de cubilote), vertiendo los componentes en su interior y realizando mecánicamente la mezcla.

Cuando se trata de fabricación de pastas, se puede utilizar mediante una **pastera** o mezcladora mecánica.

Hormigonera portátil

Definición

Pastera

Consiste en un recipiente de amplia abertura superior en el que se vierten los componentes de la masa y se mezcla mediante un sistema de paleado mecánico accionado por un motor.

La diferencia principal entre la hormigonera y la pastera radica en que en la primera es el depósito el que rota con unas palas finas en su interior, realizando la mezcla; y en la pastera, el depósito contenedor se mantiene fijo y son las palas interiores las que están dotadas de movimiento giratorio realizando la mezcla homogénea de los componentes.

Mezclador

Se trata del instrumento más utilizado para la mezcla de adhesivos y materiales de rejuntado, aunque también se puede usar para la confección de pequeñas cantidades de morteros y pastas.

Los morteros adhesivos se elaboran casi siempre en pequeñas cantidades, ya que su tiempo de uso no es muy elevado, y se suelen utilizar colocándolos mediante capas finas, por lo que no se consume mucho material de una sola vez. Esto hace que sean materiales que no se elaboran en hormigonera o medios de producción de mayor tamaño, por lo que el mezclador es la herramienta mecánica ideal para estas labores.

Modelo de mezcladora mecánica

Es habitual la realización del mezclado de los componentes mediante un **mezclador mecánico,** que puede manejar un solo operario. Se vierten los componentes suministrados en una artesa, cubeta o recipiente suficientemente amplio, y se realiza el amasado con el mezclador. Este consta simplemente de un extremo formado por una cinta de acero enrollada en forma de hélice alrededor de un eje que gira accionado mediante un motor.

Vibrador

Es un elemento que el albañil puede utilizar para la realización de pequeños elementos estructurales, realizar rellenos de hormigón, etc.

Para facilitar esta tarea, el utensilio mecánico más habitual es el vibrador de aguja. Se trata de un aparato dotado de un cilindro metálico que se acciona con movimientos vibratorios a través de un motor que lleva incorporado. El cilindro que realiza el vibrado suele ser de poco diámetro para que pueda ser manejado por una persona y tienen la ventaja de introducirse mejor en piezas muy armadas.

El vibrador de aguja es el modelo más frecuente en albañilería.

Se usa introduciéndolo en el hormigón fresco, durante unos segundos en cada punto, por cada capa vertida, colocándolo verticalmente, hasta que penetre levemente en la tongada previa.

Taladro manual

Se trata de una máquina manual portátil, de accionamiento eléctrico, que se usa para la realización de pequeños taladros.

El taladro se realiza mediante rotación a elevada velocidad de una broca cortante de acero que se le acopla en un portabrocas.

Existe una gran variedad de brocas, en función del diámetro del agujero y del tipo de material que se pretende taladrar.

Los grupos principales de brocas se resumen en la siguiente tabla.

Para materiales pétreos y cerámicos
Para metales
Para madera

El taladro, en función del método que usa para la ejecución del agujero, puede ser:

- **Taladro sin percusión.** La operación de taladrado la realiza basándose únicamente en el mecanismo de rotación de la broca.
- **Taladro con percusión.** Además de la rotación de la broca, incorpora también un sistema interno de engranajes que proporcionan a la broca movimientos cortos y prolongados de martilleo. Este taladro está indicado para materiales duros como hormigón, piedra, mampostería, etc.

Normalmente este tipo de taladros ofrecen la posibilidad de activar o desactivar la función percutora según la necesidad del tipo de material que se esté taladrando.

Junto al taladro con cable existen taladros inalámbricos que funcionan con batería

Existe también una variedad de **taladro manual sin cable,** que incorpora una batería recargable con cierta autonomía, que posibilita su uso en zonas en las que no se dispone de una toma de corriente cercana.

Cortadora de material cerámico

Se trata de una mesa de corte para material cerámico, de ladrillos o plaquetas, que dispone de una sierra circular de diamante, accionada por un motor.

Sabía que...

Este tipo de sierras utiliza el "corte húmedo" en el que el disco se refrigera durante el corte mediante la aportación de agua.

Deben estar dotadas de elementos protectores que impidan la proyección de partículas de corte o fragmentos en caso de rotura del disco. También deben contar con protecciones y sistemas de seguridad que impidan el acceso directo del operario al disco de corte mientras está funcionando.

Amoladora o sierra mecánica manual

Se trata de una máquina de corte de uso manual, también denominada radial o rotaflex.

Consta de una sierra o disco de corte circular, montada sobre una carcasa con un motor eléctrico, que la acciona, y dos asideros para su manejo manual.

Se trata de una máquina que es muy versátil en su uso y que se le puede dar múltiples aplicaciones en albañilería como cortar materiales, realizar cortes en muros y paredes, etc.

A la amoladora o sierra mecánica manual también se le conoce como radial o retaflex.

Es una máquina que por sus características de funcionamiento, su movilidad y el elevado régimen de giro del disco que proporciona, necesita que se extremen las precauciones durante su uso para evitar accidentes provocados principalmente por cortes y lesiones, por impacto de fragmentos proyectados de materiales o del propio disco en caso de rotura.

3.2. Funcionamiento. Comprobaciones a efectuar

En la actualidad, la mayor parte de las pequeñas máquinas que se usan en trabajos de albañilería funcionan con electricidad como fuente de energía. De esta forma, se consiguen realizar los trabajos en un ambiente más limpio, sin la emisión de gases nocivos, como en el caso de otras fuentes de energía.

También, con el funcionamiento eléctrico se consiguen máquinas con motores más pequeños y silenciosos, originando una maquinaria más ligera, manejable y de uso más cómodo.

En cualquier máquina, antes de conectarla a la fuente de energía y ponerla en marcha, es imprescindible comprobar que se encuentra en perfecto estado de uso, con las partes móviles correctamente montadas, y con las protecciones instaladas de forma segura.

Las máquinas eléctricas se ha de comprobar que están conectadas a la red de puesta a tierra.

Es necesario antes del comienzo del trabajo previsto, verificar que los accesorios y elementos intercambiables como brocas y discos de corte son los adecuados para la tarea que se va a realizar y que se encuentran correctamente instalados. Se debe comprobar su anclaje y fijación para evitar desprendimientos fortuitos durante su uso. También es necesario confirmar que en estos elementos no se observa desgaste excesivo o deterioros que pudiesen provocar la rotura.

Consejo

Antes de dar comienzo al trabajo, se debe realizar una prueba de funcionamiento de la máquina, verificando que los accionadores de marcha y paro funcionan perfectamente. Cabe prestar especial atención al botón de parada de emergencia en caso de que lo tenga.

Ejemplo

En una estructura realizada con muros de hormigón armado se deben realizar trabajos para los que se necesita instalar un andamio fijo perimetral de 8 m de altura. El arriostramiento del andamio se debe hacer anclándolo a puntos firmes de la estructura. Observemos el uso de la maquinaria.

Para establecer los puntos de anclaje en la superficie del muro de hormigón se pueden colocar argollas de amarre fijadas al muro mediante tacos de expansión especiales.

Para ello, se deberán realizar taladros en los puntos de anclaje definidos para fijar las argollas de amarre.

Condiciones para el uso del taladrador portátil:

- Si no existen tomas de corrientes cercanas al lugar de trabajo se puede utilizar un taladro portátil con batería.

Continúa en página siguiente >>

<< Viene de página anterior

- Si se va a utilizar taladro con conexión a corriente eléctrica, comprobar que se encuentra correctamente conectado a la red de toma de tierra.
- Tras comprobar el correcto funcionamiento del taladro y el estado de la broca, escoger una broca del tipo de taladro en piedra u hormigón, del diámetro especificado para la dimensión del taco de anclaje.
- Fijar con firmeza la broca al portabrocas con el instrumento de apriete específico.
- Realizar el taladro apoyando la broca en perpendicular al muro y avanzando de forma continua sin ejercer excesiva presión que pudiese bloquear la broca y provocar su rotura.

3.3. Trabajos a desarrollar con cada máquina. Condiciones apropiadas

La condición general más importante para el uso de cada máquina es que se destine a la actividad para la que ha sido diseñada y para la que cuenta con las protecciones adecuadas.

El uso de una máquina en una labor para la que no está proyectada incrementa considerablemente los riesgos de accidente y disminuye la calidad y eficacia del trabajo final.

El uso de cada máquina se debe realizar en condiciones de comodidad, con un entorno limpio y sin obstáculos que dificulten su uso.

El operario que la maneja debe llevar puestos todos los equipos de protección individual adecuados al propio uso de la máquina, así como de las condiciones del entorno de trabajo.

En el caso de máquinas de corte, durante su uso se debe comprobar que tengan en todo momento correctamente instalada la protección del disco y de los elementos de transmisión del motor.

Se debe comprobar previamente a su uso el estado del disco de corte. Si se observa deterioro o desgaste excesivo se debe sustituir inmediatamente.

Importante

Cualquier operación de mantenimiento o comprobación se debe realizar siempre con la máquina desconectada de la fuente de energía.

No se debe ejercer una presión excesiva sobre el disco con el elemento que se está cortando, ni empujarla lateralmente, evitando producir bloqueos o rotura del disco.

3.4. Limpieza y mantenimiento

Para garantizar el buen funcionamiento y la durabilidad de una máquina, una vez acabado su uso, se debe proceder a su limpieza y conservación antes de ser almacenada.

Sabía que...

Una máquina o herramienta limpia y con un funcionamiento óptimo ayuda a prevenir accidentes durante su utilización.

Recuerde

Es importante efectuar una limpieza completa eliminando restos de materiales adheridos y polvo acumulado sobre sus elementos.

Se debe acentuar la limpieza en las partes móviles de la máquina y en las rejillas de entrada de aire.

Una vez limpia se debe proceder al engrasado y lubricación de los ejes de rotación, articulaciones y elementos móviles.

Antes de efectuar cualquier labor de mantenimiento y limpieza de una máquina, debe detenerse totalmente su funcionamiento y ser desconectada de su fuente de energía.

La zona donde se va a realizar esta tarea ha de estar limpia, ordenada y sin obstáculos.

Deben retirarse restos de morteros, virutas, esquirlas y cualquier material producido durante el uso de la máquina.

El espacio en torno al trabajador que realiza estas tareas ha de encontrarse libre de otras herramientas o máquinas que no necesite en ese momento. Tampoco debe ser una zona de tránsito.

Para evitar cortes y heridas se deben utilizar guantes adecuados, así como otros equipos de protección individual que sean necesarios.

Cualquier máquina que se encuentre averiada o que se haya constatado un funcionamiento defectuoso debe ser enviada a reparar al servicio técnico. Hasta ese momento se debe etiquetar de forma visible la máquina con un cartel de *Averiada. No funciona* para evitar su uso por parte de otros trabajadores.

3.5. Almacenaje

Es importante dedicar los recursos suficientes para conseguir un almacenamiento óptimo.

Recuerde

Junto a las operaciones de limpieza y mantenimiento, unas correctas condiciones de almacenamiento de las máquinas posibilitan un aumento de su vida útil y un adecuado funcionamiento en el momento de su utilización, mejorando su rendimiento y la seguridad de uso.

El almacenamiento se debe realizar preferentemente en lugares cerrados y cubiertos, protegidos de la acción de los agentes atmosféricos.

Recuerde

Se debe mantener un correcto orden del almacén, guardando las herramientas pequeñas, a ser posible en cajas debidamente inventariadas, y colocadas en estanterías o armarios. Y todas las máquinas se deben colocar aisladas del terreno para evitar daños producidos por la humedad.

Las máquinas con partes móviles o elementos desmontables se deben almacenar con todos los cierres y bloqueos de movimiento activados.

Como se ha comentado con anterioridad, las brocas, discos de corte y cualquier elemento que pueda producir pinchazos o cortes deben ser guardadas en sus soportes específicos, con sus protecciones colocadas que eviten el contacto directo fortuito.

Acaba de utilizar el taladro y ahora debe guardarlo, ¿qué procedimiento va a seguir para su correcto almacenaje?

SOLUCIÓN

1. Desmontado de la broca del portabrocas.
2. Limpieza de la broca y proceder a su guardado, ordenado con el resto, en su estuche o soporte. Protección de las puntas si quedan con posibilidad de contacto fortuito para evitar el riesgo de pinchazos.
3. Limpieza del taladro. Eliminación de restos de materiales y de polvo, especialmente dejando libres las rejillas de ventilación para el motor situadas en la carcasa exterior.
4. Limpieza y lubricación de las partes móviles como el eje del portabrocas.
5. Comprobación de su correcto funcionamiento antes de proceder al almacenamiento.
6. Almacenaje en su caja correspondiente, junto con sus accesorios y brocas, aislado de la humedad, en lugar cerrado y cubierto.

3.6. Medidas de prevención a tener en cuenta

Existen una serie de riesgos asociados al uso de pequeña maquinaria en obras de albañilería. Entre ellos cabe destacar los señalados en la tabla.

RIESGOS ASOCIADOS AL USO DE PEQUEÑA MAQUINARIA
Caída de objetos o de la propia máquina durante su utilización.
Cortes.
Daños por impacto de partes móviles de la máquina.
Atrapamiento por las partes móviles.
Daños por impacto de fragmentos de material proyectados por el accionamiento de la propia máquina.
Sobreesfuerzos durante la manipulación de la máquina.

Continúa en página siguiente >>

<< Viene de página anterior

RIESGOS ASOCIADOS AL USO DE PEQUEÑA MAQUINARIA
Riesgos por contactos eléctricos.
Afecciones de salud por formación de polvo, existencia de ruidos y vibraciones provocadas por la máquina.
Los riesgos inherentes al propio lugar de utilización o al trabajo a realizar.

A fin de eliminar estos riesgos es necesario mantener una serie de medidas básicas de seguridad y protección, aplicables al uso general de la mayoría de máquinas estudiadas. Entre estas medidas se pueden destacar:

- Usar siempre máquinas con marcado CE y adaptadas a la normativa concreta que le sea de aplicación.
- Las máquinas las deben usar siempre operarios que hayan recibido la formación necesaria para su utilización.
- Utilizar la máquina siguiendo siempre las instrucciones prescritas por el fabricante.
- Mantenimiento limpio y ordenado de las zonas de trabajo.
- Iluminación suficiente del lugar de trabajo.
- Uso de equipos de protección individual adecuados. En las máquinas de taladrar o cortar, en las que se puedan producir proyección de fragmentos, se debe utilizar gafas o pantallas de protección de la cara, así como guantes, casco y calzado reforzado. Con máquinas que produzcan polvo o ambientes que dificulten la respiración se deben usar además mascarillas o equipos filtrantes.
- Para evitar riesgo de atrapamiento, cuando se trabaje con máquinas que cuenten con elementos móviles, el operario no debe tener puestos accesorios o complementos como corbatas, bufandas, relojes, collares, etc. La ropa de trabajo debe ser cómoda pero no excesivamente amplia para evitar que pueda ser enganchada por la máquina en movimiento. Es aconsejable que las mangas queden ajustadas a la altura de la muñeca mediante elásticos.
- Las máquinas-herramientas eléctricas que se utilicen deben contar con protección eléctrica mediante doble aislamiento.

- Los motores eléctricos de las máquinas deben estar resguardados por la carcasa y con las protecciones propias de cada aparato, evitando los riesgos de atrapamientos o los derivados por contacto con la electricidad.
- Las transmisiones motoras mediante correas deben estar siempre protegidas mediante carcasa que impida el atrapamiento de operarios o de objetos. Debe estar diseñada de forma que la máquina no se pueda poner en funcionamiento si estas protecciones no están correctamente colocadas.
- Las máquinas que tengan capacidad de corte, deben tener en todo momento el disco o elemento de corte protegido mediante carcasa de protección que evite proyecciones, así como el contacto directo con el mismo durante su uso.
- Las máquinas deberán tener conexión a la red de toma a tierra del cuadro eléctrico general de la obra.
- En ambientes húmedos se deben utilizar máquinas con alimentación a 24 V conectadas a transformadores de este voltaje.
- Nunca se deben abandonar en el suelo o en marcha las herramientas eléctricas de corte o taladro, aunque sea con movimiento residual.

4. Resumen

Al ser amplia la variedad de tareas que en albañilería se pueden desarrollar, existen múltiples útiles, herramientas y pequeña maquinaria que ayudan a que esos trabajos se realicen de forma más cómoda, segura y eficiente.

Los **útiles** son todos aquellos elementos de ayuda que colaboran a realizar de forma más eficiente y exacta la tarea que esté desarrollando el operario.

Las **herramientas** son los elementos de utilización y accionamiento manual que intervienen directamente en la tarea que el operario está desarrollando y sin los cuales difícilmente podría realizar.

Las **máquinas** son las herramientas y útiles de que dispone el operario y que tienen un funcionamiento mecánico, facilitando tareas más complejas o laboriosas.

Para que la decisión del uso de unos determinados útiles, herramientas y pequeña maquinaria como ayuda a una tarea concreta resulte acertada, se debe plantear que cumpla como mínimo, entre otras, una serie de premisas que se resumen en esta tabla.

Que resulte eficaz y útil para la tarea concreta que se desarrolla.
Que esté diseñado de forma ergonómicamente correcta para que su uso sea cómodo.
Que sea seguro. Que su uso no aporte riesgos añadidos a los ya inherentes a la propia actividad desarrollada.
Que aligere y facilite la actividad que el operario debe desarrollar para la ejecución de la tarea.
Que su uso no suponga sobreesfuerzos añadidos.
Que agilice la actividad, permitiendo reducir tiempos de preparación y ejecución.
Que aporte exactitud a la tarea ejecutada.

Para permitir su uso, todos los útiles, herramientas y pequeña maquinaria de albañilería han de encontrarse en perfecto estado de conservación y funcionamiento, con todos sus elementos de protección y seguridad instalados y activados. Se deben seguir siempre las instrucciones del fabricante.

Su uso debe realizarse por personal autorizado y formado en su manejo.

Deben realizarse operaciones de mantenimiento y revisión antes de cada uso y cuando se va a proceder a su almacenamiento.

El almacenaje ha de realizarse en lugares cubiertos, de forma ordenada, aislados de la humedad, desconectados de su fuente de energía en el caso de máquinas, con todos sus elementos móviles bloqueados y con las partes cortantes o punzantes protegidas para evitar contactos fortuitos.

Ejercicios de repaso y autoevaluación

1. **Clasifica los siguientes elementos, diferenciándolos entre herramientas o útiles de albañilería:**

   Maceta, artesa, alicates, espátula, plomada, fratás, regla, aplicador de siliconas, paletas, cincel, tenazas, cinturón portaherramientas, cinta métrica y llana.

2. **Explique las diferencias existentes entre:**

   a. Paleta y el paletín.

   ____

   ____

   b. Llana y el fratás.

   ____

   ____

3. **Relacione los siguientes útiles y herramientas con su definición o características.**

   a. Cincel.
   b. Cinta métrica.
   c. Artesa.
   d. Fratás.

   __ Herramienta de forma rectangular, similar a la llana, cuya superficie de trabajo está realizada con madera o plástico.
   __ Útil destinado a labores de replanteo y medición, consistente en una cinta metálica de poco espesor, flexible, dividida mediante marcas en unidades de medida, y que se enrolla sobre sí misma alojándose en una carcasa.
   __ Recipiente abierto en su parte superior, con forma troncopiramidal invertida, que se utiliza para elaboración manual de pequeñas dosis de mortero o pasta.
   __ Herramienta de acero alargada y delgada, con el extremo acabado en punta o instrumento de corte, utilizada mediante golpeo con la maceta, para corte de ladrillos y trabajar la piedra o mampostería.

4. **Indique cuál de las siguientes afirmaciones es la correcta.**

   a. El mazo, o maceta de gran tamaño dotada de puño largo, está destinado trabajos más precisos, como por ejemplo la formación de muros de ladrillo a cara vista con las juntas de reducido espesor.
   b. El uso del fratás está destinado principalmente a demoliciones.
   c. La llana sirve para la colocación y extendido de morteros o pastas en ejecución de revestimientos.
   d. El paletín se usa para rematar la superficie final de un enfoscado o revestimiento continuo de mortero.

5. **¿Qué ventajas proporciona la colocación separada y ordenada de los útiles y herramientas que se guardan en el interior de la caja de herramientas?**

   ____
   ____

6. **Relaciones las siguientes máquinas para el amasado de morteros y pastas con sus características:**

   a. Mezcladora mecánica.
   b. Hormigonera de obra.
   c. Pastera.

   __ Recipiente o contenedor de amplia abertura que se mantiene fijo, que cuenta con unas palas interiores dotadas de movimiento giratorio accionadas por un motor.
   __ Máquina que tiene un extremo formado por una cinta de acero enrollada en forma de hélice alrededor de un eje que gira accionado mediante un motor.
   __ Depósito contenedor que rota accionado por un motor, que cuenta en su interior con unas palas fijas.

7. **En función del tipo de material que se pretende taladrar, ¿qué tres grupos de brocas se pueden encontrar?**

   ____
   ____

8. En las condiciones de almacenamiento de las máquinas se ha de tener en cuenta que...

a. ... se debe realizar preferentemente en lugares cerrados y cubiertos, protegidos de la acción de los agentes atmosféricos.
b. ... se deben colocar aisladas del terreno para evitar daños producidos por la humedad.
c. ... las máquinas con partes móviles o elementos desmontables se deben almacenar con todos los cierres y bloqueos de movimiento activados.
d. Todas las opciones son correctas.

9. Complete las siguientes definiciones:

a. Las ______ las deben usar siempre __________ que hayan recibido la __________ necesaria para su utilización.
b. Las máquinas-herramientas eléctricas que se utilicen deben contar con _____________ mediante ________ aislamiento.
c. Las máquinas que tengan capacidad de ______ , deben tener en todo momento el _______ o elemento de corte ________ mediante _______ de protección que evite __________, así como el ________ directo con el mismo durante su uso.
d. Nunca se deben abandonar en el _______ o en _______ las herramientas eléctricas de ______ o _________, aunque sea con movimiento ________.

10. Nombre al menos cuatro premisas o condiciones que deben cumplir lo útiles, herramientas y pequeña maquinaria para que sea acertada la decisión de elegirlos como ayuda a la ejecución de una determinada tarea.

____
____
____
____

Capítulo 3

Prevención de riesgos laborales en trabajos de albañilería, técnicas y equipos

Contenido

1. Introducción
2. Técnicas preventivas específicas
3. Derechos y obligaciones del trabajador en materia de prevención de riesgos laborales
4. Equipos de protección individual
5. Equipos de protección colectiva
6. Medios auxiliares empleados en obras de albañilería
7. Resumen

1. Introducción

En los trabajos de albañilería, al igual que en todas las tareas que se desarrollan en una obra de construcción, el operario se ve sometido a una serie de riesgos asociados directamente a su propia actividad y otros riesgos de carácter general producidos por el resto de actividades que simultáneamente se están desarrollando, además de los que se producen por las características intrínsecas y particulares de cada obra.

Los riesgos específicos que se producen en cada tarea o sus circunstancias se deben determinar antes del comienzo de los trabajos mediante una evaluación previa de los posibles peligros a los que el trabajador se puede someter. Esta evaluación elemental debe dotar de herramientas de decisión al empresario para adoptar las medidas o técnicas de prevención adecuadas a fin de minimizar o eliminar completamente la existencia de tales riesgos.

Para reducir estos riesgos y eliminar las consecuencias humanas y materiales que pueden producir, en toda obra se deben adoptar una serie de medidas de protección adaptadas a cada situación. Estas medidas se dividen en dos grupos: protecciones individuales y colectivas.

Las protecciones individuales van dirigidas a la protección y seguridad individual de cada uno de los operarios al realizar su tarea específica.

Mientras las protecciones colectivas son las encaminadas a la protección general de todo el personal interviniente en la obra, independientemente de las características o la zona donde esté desarrollando sus trabajos.

Todas estas protecciones deberán ser analizadas y diseñadas en el *Estudio de seguridad y salud de la obra*, y en el posterior *Plan de seguridad,* cuyo contenido debe en todo momento aplicarse en el transcurso de los trabajos.

En otra parte del tema se analizan los medios auxiliares más habituales en trabajos de albañilería.

Los medios auxiliares son los elementos y equipos de ayuda para la ejecución de una tarea, que no formando parte del elemento final construido, sin su participación no es posible la ejecución del mismo o se hace mucho más complicada.

2. Técnicas preventivas específicas

Las técnicas preventivas consisten en una serie de herramientas de análisis y puesta en práctica de medidas de protección con las que se procura el aumento de la seguridad y salud de los trabajadores en el desarrollo de su actividad.

Una correcta evaluación de los riesgos derivados de cada trabajo y una adecuada aplicación de las técnicas preventivas antes ayudan a la prevención de los riesgos laborales adaptándose a cada tarea, circunstancia y factores que lo rodean.

Entre la normativa que regula en materia de Seguridad y Salud en obras de construcción, las leyes más importantes que le afectan, entre otras son:

- Real Decreto 1627/1997, de 24 de octubre, por el que se establecen disposiciones mínimas de seguridad y salud en las obras de construcción.
- Ley 32/2006, de 18 de octubre, reguladora de la subcontratación en el Sector de la Construcción.
- Ley 31/1995, de 8 de noviembre, de Prevención de Riesgos Laborales.

2.1. Riesgos laborales y ambientales de los trabajos de albañilería

El riesgo laboral asociado a un trabajo es la probabilidad de que un trabajador padezca un determinado daño originado por el propio desarrollo de su actividad y de las condiciones que la rodean.

Como riesgos ambientales se pueden considerar los que se producen a consecuencia de cualquier circunstancia presente en el entorno de trabajo y que pueda perjudicar las condiciones idóneas de seguridad y salud del trabajador.

Importante

Como daños derivados del trabajo se consideran aquellas lesiones, patologías o enfermedades que el trabajador sufre por efecto del desarrollo de su trabajo.

Los riesgos a los que se puede ver sometido un operario que desarrolla trabajos de albañilería pueden ser tan variados como la variedad de tareas que este puede desarrollar, pero existe una serie de riesgos que en general están presentes en la mayoría de las situaciones.

Ejemplo

En un análisis rápido es fácil determinar que a un operario realizando la ejecución de una fábrica de ladrillo no le afectan los mismos riesgos si la está construyendo en el exterior (cerramientos del edificio), como en el interior (tabiquerías y particiones).

Algunos de los riesgos ambientales a los que puede estar sometido un trabajador de albañilería pueden ser:

- Condiciones climáticas adversas.
- Ruidos en el entorno del puesto de trabajo.
- Déficit de iluminación en el puesto de trabajo.
- Presencia de sustancias causticas o corrosivas.
- Dificultades respiratorias por presencia de polvo u otros agentes en el ambiente, etc.

2.2. Aplicación del plan de seguridad y salud

Previamente a la aplicación del Plan de seguridad y salud es necesario conocer en qué consiste el Estudio de seguridad y salud. Se trata de un documento previo al Plan, que se elabora junto al proyecto de obra, y que contiene las medidas preventivas y medios de protección necesarios para la ejecución de la misma en las condiciones óptimas y exigibles de protección de riesgos laborales, seguridad y salud.

El estudio de seguridad se elabora normalmente en una fase de proyecto en la que no se conoce el contratista que ejecutará los trabajos, por lo que la función del Plan de Seguridad es que el propio contratista, una vez adjudicados los trabajos, plantee los medios y sistemas de protección que utilizará para alcanzar el nivel de seguridad exigido en el Estudio de Seguridad.

En definitiva, el Plan de Seguridad es la propuesta técnica y humana del contratista para poner en práctica de forma eficaz el nivel de seguridad exigido en el Estudio de Seguridad.

En el artículo 7, punto 1 de Real Decreto 1627/1997, de 24 de octubre, por el que se establecen disposiciones mínimas de seguridad y salud en las obras de construcción, se establece la obligatoriedad de la redacción e implantación del Plan de Seguridad y Salud:

> *En aplicación del estudio de seguridad y salud o, en su caso, del estudio básico, cada contratista elaborará un plan de seguridad y salud en el trabajo en el que se analicen, estudien, desarrollen y complementen las previsiones contenidas en el estudio o estudio básico, en función de su propio sistema de ejecución de la obra.*

El propio decreto establece las condiciones principales de aplicación del Plan:

- En el plan se podrán proponer medidas alternativas al Estudio, con la correspondiente justificación técnica de forma que no se reduzcan o menoscaben el nivel de las medidas propuestas en el Estudio.

- Deberá incluir una valoración económica que no reduzca el importe total previsto en el Estudio.
- El Plan de Seguridad deberá ser aprobado, antes del inicio de las obras, por el coordinador de seguridad y salud en obra.
- El Plan de seguridad es un instrumento vivo que podrá ser modificado durante el transcurso de la obra en función del proceso de ejecución, la evolución de los trabajos y de las posibles incidencias que pudieran surgir.

2.3. Evaluación elemental de riesgos

La herramienta principal para desarrollar una adecuada prevención de riesgos laborales es la evaluación de riesgos.

En el Real Decreto 39/1997, de 17 de enero, por el que se aprueba el Reglamento de los Servicios de Prevención se define, en su capítulo II, artículo 3, el alcance de la evaluación de los riesgos laborales:

> 1. *La evaluación de los riesgos laborales es el proceso dirigido a estimar la magnitud de aquellos riesgos que no hayan podido evitarse, obteniendo la información necesaria para que el empresario esté en condiciones de tomar una decisión apropiada sobre la necesidad de adoptar medidas preventivas y, en tal caso, sobre el tipo de medidas que deben adoptarse.*

Es decir, es el propio empresario, o en su nombre técnicos especializados, el que debe realizar una evaluación inicial de los riesgos intrínsecos a cada puesto de trabajo o situación laboral, y una vez determinados, adoptar las adecuadas medidas de prevención que reduzcan o eliminen tales riesgos.

El citado R. D. 39/1997 indica que si tras la evaluación de riesgos es necesario adoptar las correspondientes medidas preventivas, debe exponerse claramente las situaciones donde son necesarias, cumpliendo siempre dos requisitos básicos:

a. Eliminar o reducir el riesgo, mediante medidas de prevención en el origen, organizativas, de protección colectiva, de protección individual, o de formación e información a los trabajadores.

b. Controlar periódicamente las condiciones, la organización y los métodos de trabajo y el estado de salud de los trabajadores.

2.4. Comprobación del lugar de trabajo y su entorno

En cada puesto de trabajo se deben evitar todos los riesgos que sean posibles, y aquellos que no se puedan evitar, deberán ser evaluados y analizados a fin de tomar las medidas preventivas necesarias para reducir las posibilidades de que se produzcan, y adaptar el puesto de trabajo a la persona. Este análisis o evaluación previa de riesgos parte de una exhaustiva comprobación de las condiciones del lugar de trabajo y del entorno que le afecta.

Antes del inicio de la actividad se debe comprobar el lugar de trabajo y su entorno desde el punto de vista de seguridad y salud laboral. Esto comprende:

- **Análisis del riesgo.** Antes del comienzo de los trabajos se procederá a analizar los procedimientos de trabajo previstos, así como los equipos y medios auxiliares disponibles, con identificación de los riesgos existentes tanto evitables como no evitables.
- **Establecer medidas correctoras.** A la vista del análisis anterior, implantar las medidas correctoras adecuadas a los riesgos observados en el puesto de trabajo y su entorno.
- **Continuar con la comprobación durante el desarrollo del trabajo.** Además de la comprobación inicial, se debe continuar con una comprobación continua durante el desarrollo de la actividad, observando la posible aparición de nuevos riesgos no detectados en el análisis preliminar.
- **Informar a los servicios de prevención** de las situaciones de riesgo detectadas durante la comprobación del puesto de trabajo y durante todo su desarrollo.

Recuerde

En la comprobación del puesto de trabajo y de su entorno se debe analizar la existencia de riesgos que puedan estar relacionados con el propio lugar de trabajo, las instalaciones o máquinas, herramientas y equipos, así como los relativos al propio trabajador o terceras personas.

2.5. Interferencias entre actividades: actividades simultáneas o sucesivas

Hay que tener en cuenta que en el sector de la construcción, en cualquier obra se encuentran una amplia gama de actividades que se desarrollan de forma simultánea o sucesiva. Esto conlleva la presencia de numerosos trabajadores que desarrollan su puesto de trabajo de forma concurrente con otras actividades o de forma inmediatamente posterior a la finalización de las mismas.

Esto implica que los trabajadores no solo se encuentren expuestos a los riesgos propios de su actividad, sino que esos riesgos se ven incrementados por los inherentes al resto de actividades con las que coinciden en el tiempo o las que le preceden.

Así cada trabajador se encontrará expuesto también a los riesgos generados por otros trabajadores u oficios, y a su vez, estos sufren los riesgos que origina la actividad de albañilería.

Esta es la razón por la que en cada puesto de trabajo no solo es necesario analizar los riesgos propios del mismo, sino también los riesgos propios de otros oficios por los que se pueda ver afectado. Consecuentemente, al analizar los riesgos propios inherentes de una determinada actividad, también es necesaria una evaluación de los peligros que la misma puede originar en otras actividades que se desarrollen simultáneamente o que se prevea se desarrollarán.

Importante

Al realizar una determinada actividad de albañilería se deben adoptar las medidas de prevención adecuadas a la actividad desarrollada, complementadas con las medidas de prevención que se estimen necesarias para no poner en riesgo otras actividades que se desarrollen simultáneamente o que esté previsto a continuación de nuestro trabajo.

3. Derechos y obligaciones del trabajador en materia de prevención de riesgos laborales

En materia de prevención de riesgos laborales en el puesto de trabajo, el trabajador es una de las partes implicadas directamente, por lo que al igual que el resto de intervinientes, debe conocer cuáles son sus derechos principales y a la vez contemplar una serie de obligaciones para prevenir y evitar situaciones de riesgo en su trabajo habitual.

Entre los derechos fundamentales que le amparan en el puesto de trabajo, se puede destacar:

- Derecho a que el empresario le dote de todos los equipos de protección individual que sean adecuados y necesarios para la realización de su actividad laboral.
- Derecho a la inmediata paralización de su actividad cuando se detecte algún tipo de riesgo inmediato y grave que le pudiera afectar.
- Derecho a que se le realice una vigilancia de su salud, en función de los riesgos a los que se somete en su actividad.
- Derecho de adaptación, en la medida de lo posible, de puesto de trabajo a las condiciones específicas del trabajador.
- Derecho a recibir la formación adecuada, tanto a nivel teórico como práctico, adaptada especialmente al puesto de trabajo a desempeñar.
- Derecho a recibir información de los riesgos que le afectan tanto en su puesto de trabajo específico como al conjunto de la empresa, así como de las medidas preventivas o de emergencia adoptadas en cada caso.

- Derecho a ser consultado en las cuestiones relativas a la seguridad en la empresa y en su puesto de trabajo. Participación y representación en las decisiones relativas a su seguridad laboral.
- Derecho a poder recurrir a la autoridad laboral competente en materia de Seguridad y Salud si considera que no se adoptan las medidas suficientes para garantizar su seguridad o la de otras personas relacionadas con su puesto de trabajo.

Igualmente que al trabajador le asisten una serie de derechos en su trabaja, tiene una serie de obligaciones para contribuir también a su propia seguridad y de forma conjunta al reto de trabajadores que puedan ejercer su labor junto a él. Entre estos deberes, se puede considerar:

- Usar de forma adecuada todas las herramientas, materiales, equipos, y cualquier medio relacionado con el desarrollo de su trabajo.
- Usar correctamente y mantener los medios de seguridad que se le han facilitado, tanto a nivel individual y colectivo, cuando existan riesgos que no se puedan evitar.
- Cooperación con la empresa e informar de cualquier situación de riesgo que pudiera detectar en el desempeño de su puesto de trabajo.
- Cuidar de su propia seguridad y la de los otros trabajadores que pudiera afectar el desarrollo de su actividad.
- No anular los dispositivos o medios de seguridad facilitados.
- Informar de forma inmediata de las situaciones de riesgo que pudiera observar durante el desarrollo de su actividad.
- Colaborar en el cumplimiento efectivo de las obligaciones decretadas por la autoridad laboral competente en materia de seguridad y salud.
- Conocer que la inobservancia de sus obligaciones relacionadas con la prevención de riesgos se puede considerar incumplimiento laboral.

4. Equipos de protección individual

Se considera equipo de protección individual (EPI) a los elementos que se usan para proteger ante el peligro de accidente, de forma individual, a los operarios.

Su uso se regula a través del Real Decreto 773/1997, sobre disposiciones mínimas de seguridad y salud relativas a la utilización por los trabajadores de equipos de protección individual. En este R. D. se define como:

[...] cualquier equipo destinado a ser llevado o sujetado por el trabajador para que le proteja de uno o varios riesgos que puedan amenazar su seguridad o su salud, así como cualquier complemento o accesorio destinado a tal fin.

En marzo de 2016 se promulgó el Reglamento UE 2016/425 relativo a los equipos de protección individual y por el que se deroga la Directiva 89/686/CEE.

El objeto de este Reglamento es establecer los requisitos sobre el diseño y la fabricación de los equipos de protección individual que vayan a comercializarse, para garantizar la protección de la salud y la seguridad de los usuarios y establecer las normas relativas a la libre circulación de los EPI en la Unión.

En lo relativo a la protección de los trabajadores, lo primero que se debe intentar es eliminar o aislar el riesgo con métodos organizativos del trabajo. Si no queda garantizada la seguridad se deben tomar medios técnicos colectivos de protección. Si no es posible asegurar la protección del trabajador de ninguna de estas formas, como última alternativa se debe encomendar la protección del operario a la utilización de Equipos de Protección Individual.

4.1. Conocimiento de riesgos

A la hora de adoptar las necesidades de equipos de protección individual durante el desarrollo de trabajos de albañilería, es imprescindible conocer previamente los riesgos a los que el trabajador puede estar sometido. Independientemente del tipo y de las condiciones específicas de la obra, en la que se pueden generar situaciones de riesgo particulares, se pueden enumerar una serie de riesgos que generalmente se producen en este tipo de trabajos y que se muestran en la tabla.

RIESGO	CAUSAS POSIBLES
Caídas de operarios	Al mismo nivel, por tropiezos. A distinto nivel, por huecos no protegidos.
Caída de material	A distinto nivel, por huecos no protegidos. Caída de material en trabajos en altura desde medios auxiliares.
Afecciones en mucosas y oculares	Por ambiente pulvígeno. Por salpicaduras de materiales. Entrada de cuerpos extraños en los ojos.
Electrocuciones	Por el uso de herramientas eléctricas deficientemente protegidas.
Lesiones en la piel (dermatosis)	Por contacto con aglomerantes, aditivos, sustancias químicas, etc.
Sobreesfuerzos	Por manipulación de materiales o herramientas con un peso superior al admisible.
Atrapamientos y aplastamientos	Por partes móviles de maquinarias o por manipulación de materiales pesados.
Los derivados del uso de medios auxiliares	Caídas de operarios o materiales en borriquetas, escaleras, andamios, etc.
Cortes por utilización de máquinas o herramientas	Por máquinas o herramientas con las protecciones defectuosas o por incorrecta utilización de las mismas.
Incendios	Por fallos en maquinarias o por uso de materiales inflamables.
Golpes en extremidades	Golpes producidos por herramientas, maquinaria o por caída de materiales.
Proyección de partículas al corte	Heridas por impacto de trozos de materiales que están siendo cortados por diversos medios.

4.2. Cumplimiento de normas

El uso de los EPI queda regulado principalmente mediante el Real Decreto 773/1997 de 30 de mayo, sobre disposiciones mínimas de seguridad y salud relativas a la utilización por los trabajadores de equipos de protección individual, publicado en el BOE n.º 140, de 12 de junio de 1997.

Cada equipo se debe usar siguiendo estrictamente las indicaciones del fabricante y siempre para la finalidad para la que ha sido diseñado. Para el empleo de un equipo de protección individual se debe constatar que cuente con el marcado CE y con la declaración de conformidad del EPI. De esta forma, se conoce que se encuentran correctamente detallados los riesgos de los que protege y ha superado satisfactoriamente los ensayos para ofrecer el rendimiento requerido.

Sabía que...

El marcado CE es una certificación de que un determinado producto satisface los requerimientos mínimos de seguridad establecidos por los estados que componen la Unión Europea.

Con la publicación del Reglamento UE 2016/425 se modifica la Emisión de los Certificados de los EPI y el Período de Uso que tendrán los EPI certificados aprobados con arreglo a la Directiva 89/686/CEE.

Este reglamento, en su artículo 47, punto 2, establece que: Los certificados de examen CE de tipo expedidos y las decisiones de aprobación emitidas con arreglo a la Directiva 89/686/CEE seguirán siendo válidos hasta el 21 de abril de 2023, salvo que expiren antes de esa fecha. Es decir, ya no se puede utilizar EPI con certificado CE, ya que a partir de esa fecha solo se permite el uso de equipos de protección individual que cuenten con Certificado UE, siguiendo las directrices del nuevo Reglamento UE 2016/425 del Parlamento Europeo y del Consejo, de 9 de marzo de 2016.

Además del uso de los equipos de protección adecuados es necesario cumplir una serie de normas básicas de seguridad, sin las cuales, el EPI no cumple con eficacia su cometido. Algunas se recogen en la siguiente tabla.

NORMAS BÁSICAS DE SEGURIDAD
Zonas de trabajo señalizadas y libres de obstáculos
Orden y limpieza en el trabajo
Coordinación entre los distintos oficios
Correcta iluminación de la obra
Cumplimiento de las exigencias del fabricante para cada tipo de equipo
Señalización de caída de objetos
Máquinas de corte, en lugar ventilado
Canalización de la evacuación del escombro

4.3. Tipos y funcion de los equipos. Uso adecuado

Existen muchos tipos de equipos de protección individual. Como se observa en la tabla se pueden englobar en varios grupos según su función y el tipo de protección que ofrece.

TIPOS DE EPI
Protección de la cabeza
Protección auditiva
Protección respiratoria
Protección de ojos y cara
Protección de extremidades
Protección contra caída
Prendas varias de protección

Protección de la cabeza

El casco homologado y certificado protege del riesgo de golpes en la cabeza o contra caídas de pequeños objetos, herramientas o materiales.

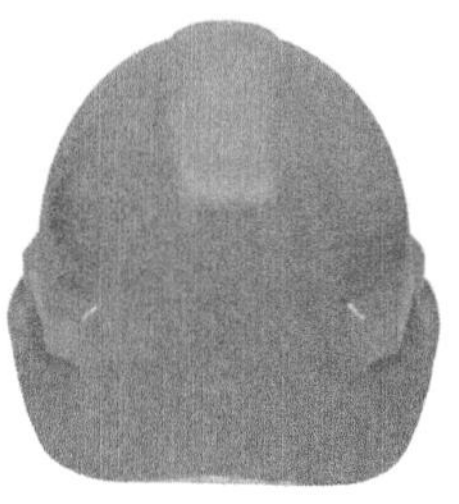

Casco homologado

Cuando la tarea se realiza en andamios o zonas que por la postura de trabajo, el casco se pueda desprender, este debe ir dotado de barboquejo, que se acopla a la barbilla impidiendo la caída del mismo.

El casco también puede venir dotado, opcionalmente, de unos casquetes de protección auditiva para trabajos en los que exista contaminación acústica.

Protección auditiva

Existen varios tipos de protecciones auditivas:

- **Tapones auditivos.** Se acoplan en el canal auditivo. Su uso está indicado ruidos de bajo nivel. Se pueden encontrar reutilizables o de un solo uso.
- **Orejeras.** Cubren las orejas mediante almohadillas suaves, cubiertas con material con buena absorción del sonido. Se unen entre sí mediante una banda ajustable que se adapta a la cabeza del operario.
- **Cascos antirruido.** Se trata de casquetes rígidos que cubren la oreja, que en su interior están forrados de material blando y absorbente al ruido. Se unen mediante un arnés ajustable a la cabeza. Se usan para trabajos con altos niveles de ruido.

Protección respiratoria

Hay varios tipos:

- **Equipos filtrantes.** Al respirar el aire, este pasa previamente a través de un filtro que obstruye el paso a las partículas contaminantes. Pueden ser mediante mascarillas simples o mediante mascarillas dotadas de equipos filtrantes independientes.

Mascarillas filtrantes

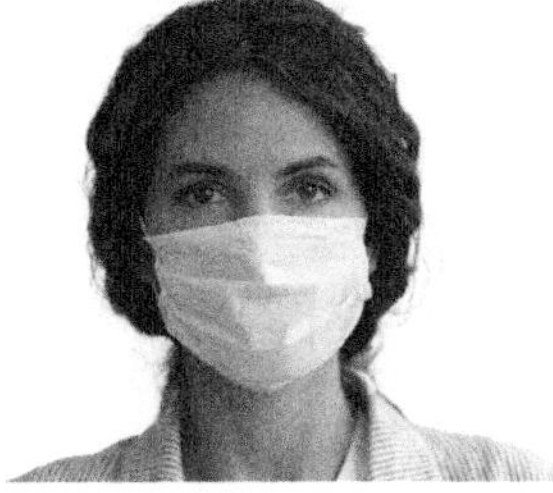

Mascarilla simple

- **Equipos aislantes.** Se utilizan para proporcionar al trabajador aire u oxígeno purificado, evitando que respire aire contaminado. También se debe usar en ambientes donde por algún motivo exista carencia de oxígeno.

Protección de ojos y cara

Ojos y cara se protegen con:

- **Gafas de protección.** Para proteger los ojos de la proyección de partículas y ambientes con alto contenido de polvo.
- **Pantalla de protección facial.** Preservan, además de los ojos, parte o la totalidad del rostro. Puede usarse acoplada al casco de protección.

Nota

Cuando también se cierran los laterales de las gafas de protección, la montura se llama integral.

Protección de extremidades

Se clasifican en:

- **Guantes.** Protección para las manos. El modelo dependerá del tipo de protección deseada. Existen tipos de guantes específicos para proteger de:
  - Ataques mecánicos, cortes, abrasión, pinchazos...
  - Sustancias agresivas, pegamento, disolvente...
  - Daños térmicos, quemaduras...
  - Electrocución.

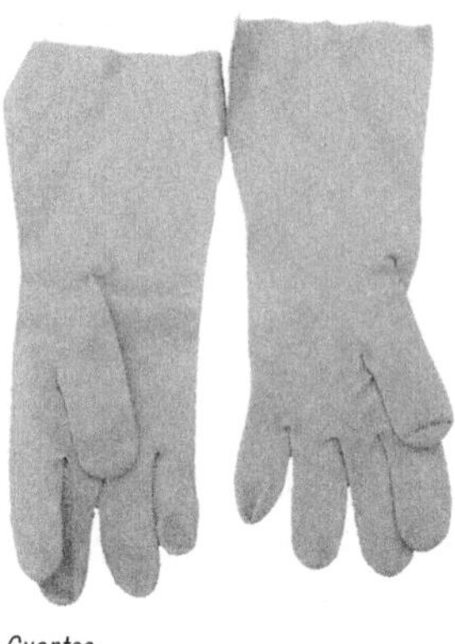

Guantes

- **Calzado de protección.** Protección de los pies mediante calzado especialmente diseñado para los diferentes riesgos. Se puede encontrar:

- Calzado reforzado. Protección contra golpes, pinchazos y aplastamientos.
- Calzado aislante eléctrico. Resiste cierta intensidad de corriente.
- Calzado de protección contra humedad. Botas impermeables.

Protección contra caídas

Son cinturones:

- **Cinturón de sujeción clase A.** Es un cinturón de seguridad diseñado para eliminar el riesgo de caída de un operario, sujetándolo a un punto de amarre.
- **Cinturón de suspensión clase B.** Se trata de otro tipo de cinturón de seguridad que permite la suspensión del trabajador afianzándolo a uno o varios anclajes.

Cinturón de sujeción clase A

- **Cinturón contra caídas clase C.** Es un arnés de seguridad con la función de detener la caída libre de un operario. Puede estar equipado además con un elemento amortiguador de caída.

Prendas de protección

Existe una lista variada:

- Mono de trabajo.
- Chaleco
- Peto de protección.
- Impermeable
- Chaleco reflectante, para mejorar la visibilidad de los operarios.

En la decisión de uso adecuado de un determinado EPI se ha de tener en cuenta que además de contribuir a trabajar con la necesaria protección, debe también permitir el trabajo con la mayor comodidad. Para ello el equipo debe cumplir una serie de requisitos en su diseño como:

- Adecuada ergonomía.
- Carencia de molestias en su uso.
- Ausencia de riesgos propios en el uso del equipo.
- Inexistencia de materias agresivas en su composición.
- Que se adapte a las características del trabajador.
- Ligereza de uso.
- Confección sólida.

Definición

Ergonomía
Ciencia que define cómo se diseña o adapta el lugar, los útiles y medios de trabajo al trabajador, eliminando riesgos y, en definitiva, aumentando la seguridad y la eficacia. Trata de adecuar las condiciones de trabajo a las características y necesidades de los trabajadores.

Además del correspondiente marcado CE, los equipos de protección personal deberán contar con una información básica, en la que como mínimo se haga constar:

a. El nombre, el número de referencia de la norma que lo regula, la marca registrada o cualquier otra forma que identifique al fabricante y el tipo de equipo.
b. Características requeridas para su uso correcto y forma apropiada de utilización segura.
c. Relación de tallas, en caso de ser necesario.
d. Capacidad y características de la protección en los equipos que esta pueda variar según los modelos, como por ejemplo, en el caso de protecciones auditivas.
e. Fecha de caducidad, en caso de equipos en los que el envejecimiento pueda perjudicar de forma importante el rendimiento de protección de los mismos.
f. Cualquier otra indicación complementaria imprescindible para su uso.

Aplicación práctica

Una cuadrilla de albañilería está realizando labores de colocación de barandillas de protección perimetrales en el borde de un forjado, en el que no se han ejecutado los cerramientos. ¿Qué equipos de protección individual usarán los operarios para realizar esta tarea?

SOLUCIÓN

1. Casco de protección. Además debe estar dotado de barboquejo al agacharse.
2. Mono de trabajo.
3. Guantes de protección contra acciones mecánicas.
4. Calzado de seguridad reforzado.
5. Arnés de seguridad anticaída, tipo C, equipado con amortiguador de caída. El arnés debe estar unido a algún punto de anclaje instalado en elementos firmes de la estructura del edificio.

5. Equipos de protección colectiva

Los equipos de protección colectiva son los elementos instalados en obra que actúan como protección a los trabajadores, de forma conjunta, ante el riesgo de accidente. Son medidas o equipos que pueden proteger a más de un trabajador de los riesgos inherentes a su actividad.

Importante

Las principales consideraciones para el uso de equipos de trabajo se encuentran recogidas en el R. D. 1215/1997-Disposiciones mínimas de Seguridad y Salud para la Utilización de Equipos de Trabajo, y de forma más específica para andamios y trabajos en altura en la modificación posterior recogida en el R. D. 2177/2004-Modificación del R. D. 1215/1997 sobre Disposiciones mínimas de Seguridad y Salud para la Utilización de Equipos de Trabajo, en materia de trabajos temporales en altura.

5.1. Conocimiento de riesgos

En referencia a los tipos de protecciones colectivas es necesario conocer los riesgos a que puede estar sometido el trabajador a fin de determinar las medidas a tomar. Ya en el capítulo anterior se expuso una tabla con los riesgos más comunes que se dan durante los trabajos de albañilería.

Recuerde

Entre los riesgos más frecuentes en las tareas desarrolladas por los operarios de albañilería se encuentran:

- Caídas de operarios al mismo o distinto nivel, o al vacío.
- Caída de objetos sobre operarios o de materiales transportados.

Continúa en página siguiente >>

<< Viene de página anterior

- Choques o golpes contra objetos.
- Atrapamientos o aplastamientos en medios de elevación y transporte.
- Ruidos, vibraciones y ambiente pulvígeno.
- Contactos eléctricos directos o indirectos.
- Riesgos inherentes a los medios auxiliares utilizados.
- Riesgos originados durante el acceso al tajo de trabajo.

5.2. Normas básicas

Independientemente de las medidas específicas para cada obra, existen una serie de normas generales de seguridad colectiva que son de práctica necesaria para evitar accidentes. Entre ellas cabe destacar:

1. Los medios auxiliares empleados en la obra, como andamios, escaleras, etc., se deben revisar diariamente. Los andamios o escaleras no se deben apoyar en fábricas recién hechas.
2. Las zonas de trabajo y las zonas de tránsito se deben mantener siempre limpias, ordenadas y suficientemente iluminadas. Se deben limpiar periódicamente los cascotes acumulados, para evitar tropiezos.
   La iluminación portatil de los tajos debe ser estanca.
3. Cuando se realizan trabajos de albañilería a distintos niveles, se deben acotar y señalar las zonas de trabajo, no debiendo ejecutarlas simultáneamente en la zona señalizada a fin de evitar riesgos de accidentes por caída de cascotes o herramientas sobre los operarios del nivel inferior.
4. Se debe trabajar siempre por debajo de la altura del hombro para evitar así los riesgos de las lesiones en los ojos.
5. El perímetro de las plantas, hasta que se ejecuten los cerramientos, deberán estar protegidos por barandillas resistentes, rígidas y provistas de rodapié, cubriendo todos los huecos y aberturas con riesgo de caídas a distinto nivel.
   Los huecos existentes en el suelo también permanecerán protegidos para la prevención de caídas.

6. Las rampas de las escaleras se deben mantener protegidas en su entorno por una barandilla sólida de 90 cm de altura formada por pasamanos, listón intermedio y rodapié de 15 cm.
7. El suministro de materiales a cada una de las plantas utilizando la grúa o montacargas se debe realizar mediante la utilización de plataformas voladas.
8. Los ladrillos y otros materiales cerámicos se deben elevar apilándolos ordenadamente en el interior de plataformas con bordes laterales o en sus propios palés de transporte, cuidando que no exista riesgo de caída de las piezas durante su transporte. A los palés de material no se les deben retirar los flejes o la envoltura de lámina de plástico con las que el fabricante las suministra hasta que no se encuentren en el tajo definitivo de trabajo.
9. El acopio de palés de ladrillos o materiales de albañilería en las plantas se debe realizar evitando la concentración de cargas en los vanos. Se deben colocar en las proximidades de los pilares a fin de evitar sobrecargas estructurales en puntos de menos resistencia.
10. Las barandillas de protección perimetral de las plantas únicamente se pueden desmontar en el tramo necesario el tiempo imprescindible para introducir la carga en un determinado lugar reponiéndose inmediatamente tras la finalización del acopio.
11. Los escombros se deben evacuar diariamente mediante trompas de vertido. Nunca se deben lanzar cascotes o restos de material por los huecos de fachada o interiores.
12. Debe prohibirse la utilización de andamios sobre borriquetas en balcones, terrazas y bordes de forjados si antes no se han instalado protecciones sólidas contra el riesgo de caídas al vacío.

Consejo

Se debe evitar en todo momento la realización de trabajos cerca de paramentos recién ejecutados, especialmente, en zonas con fuerte viento, en previsión del riesgo de desplomes.

5.3. Tipos y función

Al escoger o plantear un tipo de protección colectiva, se debe tener en cuenta que ofrezca unas condiciones básicas:

- Debe ser firme y fiable.
- Debe ser constante, no dejando zonas sin protección.
- Los trabajadores deben estar protegidos en todas las etapas de su trabajo.
- El tipo de medio de protección utilizado no debe provocar incomodidades al trabajador.
- Su instalación y mantenimiento debe verificarse periódicamente por personal cualificado.

MEDIOS DE PROTECCIÓN COLECTIVA MÁS USUALES
Barandillas de protección
Redes de seguridad
Entablado de huecos
Cegado de huecos con mallazo
Andamios de protección
Marquesinas

Barandilla de protección

Todos los huecos y perímetro de forjados se deben proteger prioritariamente mediante barandillas seguras y estables.

La barandilla debe estar constituida con materiales sólidos y resistentes. Debe tener una altura mínima de 90 cm medidos desde el nivel de suelo. Debe contar también con rodapié o plinto sólido a nivel de suelo y con listón intermedio que protege el hueco entre el rodapié y el borde de la barandilla. Estos elementos horizontales deben fijarse a unos montantes, firmemente anclados a la estructura, colocados a una distancia no mayor a 2,50 m. Estos montantes pueden ser mástiles verticales, 'tipo sargento', que se fijan al canto de forjado con unas mordazas que se aprietan al mismo, garantizando su estabilidad.

Barandilla con soporte tipo "sargento"

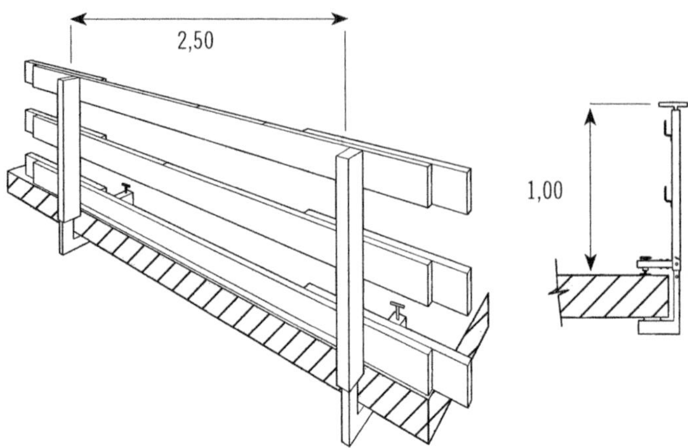

Es muy importante no utilizar nunca a modo de barandilla elementos con funciones de señalización o delimitación como cuerdas, cintas señalizadoras o la malla plástica color naranja, que no cumplen con los requisitos mínimos de rigidez y firmeza que se requiere de las barandillas de seguridad.

Redes de seguridad

Son redes realizadas con cuerdas de fibras sintéticas que se instalan para impedir la caída de personas u objetos por los huecos de obra.

Las redes se pueden colocar de forma vertical o de forma horizontal, protegiendo fachadas o huecos hasta el momento que se realicen los cerramientos definitivos y quede garantizada la anulación del riesgo de caída.

Redes de seguridad colocadas de forma vertical

Deben contar con una superficie suficiente, cubriendo la totalidad de los huecos sin dejar espacios abiertos, garantizando la efectividad de la protección.

Deben estar diseñadas y ancladas de forma que sea capaz de soportar el peso de un hombre incrementado con un coeficiente de seguridad.

Deben estar dotadas de la suficiente flexibilidad para detener una caída sin sufrir el efecto rebote por estar instaladas excesivamente tensas.

Deben ser resistentes a los agentes atmosféricos.

En el caso de su utilización como protección de huecos horizontales, independientemente de la colocación de la red, estos deberán ir protegidos perimetralmente con barandillas de protección que impidan el acceso directo al hueco.

Recuerde

Las redes de seguridad se rigen por la norma UNE EN 1263-1:2018 Redes de Seguridad. Requisitos de seguridad métodos de ensayo.

Las redes de seguridad deben cumplir una serie de requisitos como:

- Deben contar con una cuerda testigo o cuatro mallas donde se pueda determinar el deterioro debido al envejecimiento, así como contar con un manual de instrucciones definiendo el modo de montaje de cada tipo de red.
- La resistencia de la red debe ser siempre superior a 2,3 KJ multiplicado por un factor de seguridad de 1,5 para tener en cuenta el grado de envejecimiento.
- La longitud de malla debe ser inferior a 100 mm.
- Todos los paños de redes deben contar con un etiquetado donde como mínimo se debe indicar el nombre y dirección del fabricante, valor de

energía mínima de rotura, resistencia mínima a la tracción de la cuerda de malla, y definición del tipo de red y su índice para el etiquetado.

- Un dato muy importante del etiquetado de la red es su fecha de fabricación.
- Según lo establecido en el reglamento de certificación de Aenor, la caducidad máxima de las redes de seguridad es de un año desde la fecha de fabricación, independientemente del número de puestas y el grado de exposición que hayan sufrido.

Entablado de huecos

Consiste en el cegado completo de huecos de pequeño y mediano tamaño, mediante tableros anclados a sus bordes.

Su uso está aconsejado preferentemente para huecos horizontales destinados sobre todo al paso de instalaciones, huecos de ascensores, etc. Con ello se evita la caída de personas, objetos o materiales a plantas inferiores. En huecos pequeños se evitan además riesgos y lesiones por tropiezos y caídas al mismo nivel.

Recuerde

Independientemente del entablado de los huecos, estos deberán quedar convenientemente señalizados para evitar el paso por los mismos.

Cegado de huecos con mallazo

Se usa para la protección de huecos horizontales de tamaño mediano. La forma más segura de realizarlo es prolongando en los huecos el mallazo que se instala en el propio forjado.

Independientemente de la protección con mallazo, se debe impedir el acceso directo al hueco mediante la instalación de barandillas perimetrales.

Andamios de protección

Se trata de la instalación de estructuras metálicas destinadas a proteger a los operarios durante la ejecución de alguna tarea con riesgo de caída a distinto nivel. Es utilizado en trabajos de realización de cubiertas y fachadas.

Marquesinas

Las marquesinas son elementos de protección que se utilizan para proteger contra la caída de materiales durante la ejecución de cerramientos o fachadas. Se instalan a nivel de la primera planta, protegiendo el acceso a la obra y el tránsito por su perímetro mientras se están realizando trabajos exteriores en plantas superiores o en la planta de cubierta.

Normalmente se realiza mediante tablazón continua, colocada en voladizo mediante apoyos metálicos.

Los apoyos de la marquesina, tanto en el suelo como en el forjado, se deben realizar sobre durmientes de madera, perfectamente nivelados.

Detalle marquesina de protección

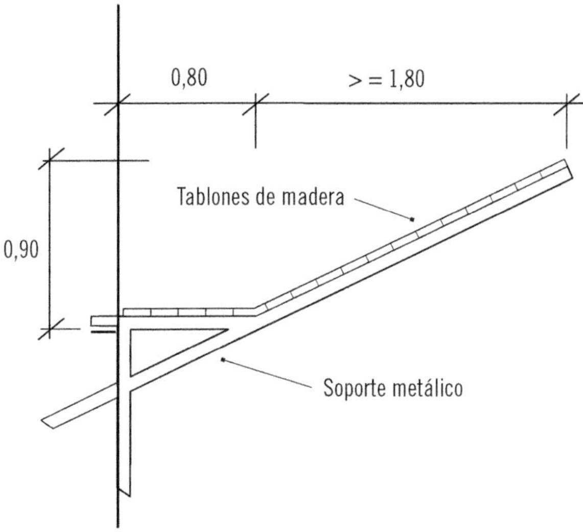

Si se utilizan puntales metálicos deben estar siempre perfectamente verticales y aplomados.

Los tablones que forman la marquesina de protección se deben colocar garantizando su inmovilidad, de manera que se forme una superficie perfectamente cuajada que impida el deslizamiento de los tableros.

5.4. Montaje y desmontaje

Cualquier tipo de medio de protección colectiva que se vaya a utilizar, debe estar elegido y montado antes del comienzo de los trabajos para los que se destina su protección.

El montaje se ha de realizar de forma fácil y segura. Se ha de tener en cuenta que el propio trabajo de montar la protección colectiva conlleva riesgos en sí mismo, debiendo estos ser analizados y anulados.

Los trabajadores encargados del montaje, mantenimiento y desmontaje de los medios de protección colectiva deben usar en todo momento los EPI indicados para cada caso y previamente deberán estar instaladas las medidas provisionales de protección diseñadas para la realización de su tarea.

Se deben prever puntos de anclaje suficientes para amarre del arnés de seguridad de los operarios de montaje de protecciones colectivas.

El montaje se ha de controlar por personal especializado, que posteriormente debe proceder a las revisiones periódicas durante el tiempo de uso.

El desmontaje debe realizarse en orden inverso al proceso de montaje, tomando las medidas oportunas que garanticen la seguridad de los operarios encargados de esta tarea.

5.5. Limpieza y conservación

Tras cada desmontaje de los equipos de protección se debe realizar una revisión de los mismos. Se debe comprobar el buen estado de todos sus elementos y accesorios, desechando las partes que durante el montaje, uso y desmontaje hayan sufrido deterioros o algún tipo de deformación que impidan su posterior uso en una nueva instalación.

Se desecharán también aquellos elementos que hayan superado el número de usos máximos prescritos por el fabricante.

Sobre el resto se realizarán labores de limpieza y conservación, eliminando suciedades y restos de morteros que se pueden adherir durante su uso, eliminación de cascotes acumulados, etc.

Sobre los elementos metálicos se procederá a su limpieza y pintado.

Las redes se deben limpiar de restos de materiales de obra adheridos y se deben repasar sus uniones y nudos, así como el estado de las cuerdas, comprobando que no existan empalmes, uniones o deshilachados que pudieran provocar su rotura.

Nota

Los elementos de madera se deben limpiar y proteger con barniz de intemperie, cuidando previamente de que no se encuentren con humedad evitando problemas de pudrición y debilitamiento.

5.6. Almacenaje

El almacenaje de los elementos que componen los medios de protección debe realizarse preferentemente en lugar cubierto para evitar el deterioro producido por los agentes atmosféricos hasta el momento de su uso.

Se deben acopiar aislados del suelo, para evitar humedades que pudieran dañarlos.

El almacenamiento de todos los elementos se debe realizar en pilas horizontales ordenadas, evitando golpes en su colocación y de forma que no soporten deterioros producidos por otros materiales.

Importante

Las redes deben almacenarse correctamente plegadas y a ser posible bajo envoltura opaca y alejadas de cualquier fuente de calor para evitar el deterioro de las fibras.

Los accesorios pequeños se deben almacenar en cajas, protegidos de la humedad.

Se van a ejecutar los petos perimetrales de cierre de unos lavaderos de una planta tercera y cuyo perímetro da a un patio interior. El borde del forjado se encuentra protegido con barandilla perimetral 'tipo sargento', ¿cómo harán el desmontaje y almacenamiento de las protecciones colectivas?

SOLUCIÓN

Para el desmontaje de la barandilla de protección, primero el operario se pondrá el cinturón de seguridad contra caídas, anclándolo a punto fijo de la estructura; el casco con barboquejo, botas reforzadas y guantes de protección.

Se desmontan los largueros horizontales de la barandilla, los rodapiés y la retirada de los montantes verticales metálicos. Se bajan con la grúa, debidamente empaquetados o en bateas, atados o fijados.

En el almacén se comprueba su estado, limpiando los elementos de restos de morteros y materiales adheridos. Se desechan los elementos con deterioros o deformaciones, o los que ya hayan cumplido su número máximo de usos según el fabricante.

Se procede al mantenimiento del resto de elementos aplicando barniz protector a los de madera y pintura anticorrosión a los metálicos.

Se realiza el almacenaje agrupando por cada tipo de elemento, en pilas ordenadas, con elementos de contención lateral que impida su derramamiento accidental. Se almacenan en lugar cubierto y aislado del terreno para evitar problemas de humedad.

6. Medios auxiliares empleados en obras de albañilería

Se define como medios auxiliares a los elementos que no forman parte directamente del producto final, pero sin su presencia no es posible ejecutarlo. La siguiente tabla recoge los medios auxiliares que más a menudo se utilizan en albañilería.

ANDAMIOS
ESCALERAS DE MANO
PUNTALES
TROMPAS EVACUACIÓN ESCOMBROS

6.1. Clases y características

Los tipos de medios auxiliares determinan sus características.

Andamios

Los andamios son equipos de trabajo que consisten en una estructura auxiliar temporal, que se puede montar y desmontar, que pueden ser fijos o móviles y que sirven para posibilitar el acceso de los operarios a zonas del edificio en las que sin estas estructuras no podrían trabajar como fachadas, techos, etc.

Deben estar preparados y diseñados para resistir las cargas de su uso normal, por tránsito de los trabajadores y por el aprovisionamiento temporal de materiales para su uso directo en el tajo. Además, han de soportar las solicitaciones externas, especialmente, por acción del viento.

Es imprescindible que en una estructura de andamios se asegure su estabilidad, bien por sí misma o por arriostramiento y anclaje a estructuras fijas y sólidas del edificio, ofreciendo garantías en todo momento de que los trabajos se pueden ejecutar en condiciones seguras.

En cada modelo de andamio se debe garantizar -por parte del fabricante- su estabilidad, resistencia, adaptación a la actividad a la que va destinado y su funcionalidad, siempre que su montaje se realice siguiendo las instrucciones prescritas para el mismo.

Sabía que...

Entre otras normativas, las características de los andamios se regula en la UNE-EN 12810-1:2205 y UNE-EN 12810-2:2005.

Los tipos de andamios se recogen en la siguiente tabla.

Andamios sobre borriquetas
Andamios fijos
Torres de trabajo móviles
Andamios colgados móviles
Andamios motorizados de cremallera

Andamios sobre borriquetas

Los andamios sobre borriquetas son andamios que se utilizan habitualmente para trabajos interiores y que no superen los 2 m de altura. Están formados por un tablero horizontal de 60 cm de anchura mínima, colocados sobre dos apoyos en forma de V invertida que se conocen como borriquetas.

Las borriquetas siempre se deben montar perfectamente niveladas, evitando los riesgos de caída por trabajar sobre superficies inclinadas. Es aconsejable el uso de borriquetas metálicas de sistema de apertura tipo tijera, con cadenillas limitadoras de apertura máxima, que garanticen su perfecta estabilidad. En el caso de que sean de madera, se debe cuidar que estén sanas, perfectamente encoladas y sin oscilaciones, deformaciones o roturas.

El andamio debe instalarse de forma que las borriquetas no estén separadas entre ejes más de 2,5 m, para evitar flechas y cimbreos. Se debe formar sobre dos borriquetas como mínimo. Para evitar disposiciones inestables, se debe impedir la sustitución de las borriquetas por bidones, pilas de materiales o similares.

Las plataformas de trabajo deben quedar ancladas perfectamente a las borriquetas. No deben sobresalir por los laterales de las borriquetas más de 40 cm para evitar el riesgo de vuelco por basculamiento. La plataforma de trabajo tendrá una anchura mínima de 60 cm y el grosor del tablón debe contar con un espesor de 7 cm como mínimo.

Sobre este tipo de andamios es importante mantener sólo el material estrictamente necesario, repartido de forma uniforme por la plataforma de trabajo a fin de evitar sobrecargas que puedan disminuir la resistencia de los tablones.

Es aconsejable que las borriquetas metálicas utilizadas para sustentar plataformas de trabajo, se arriostren entre sí mediante elementos diagonales o *cruces de San Andrés,* evitando movimientos que originen inseguridad en el conjunto.

Sabía que...

Las cruces de San Andrés son estructuras trianguladas que arriostran dos elementos entre sí, manteniendo la distancia entre ambos. Se realizan uniendo las dos partes con una cruz en forma de X, realizada con dos elementos lineales que se cruzan en el centro.

Cuando se realizan en balcones o zonas exteriores trabajos en andamios sobre borriquetas, se debe proteger previamente contra el riesgo de caída desde altura mediante barandillas, redes u otro medio que se especifique en el *Plan de seguridad.*

Importante

Está prohibido trabajar sobre escaleras o plataformas sustentadas a su vez sobre otro andamio de borriquetas.

Se debe comprobar antes de trabajar sobre un andamio de borriquetas que la madera que se emplea en la formación de la plataforma esté sana, sin defectos ni nudos a la vista, evitando los riesgos por rotura de los tablones.

Andamio de borriqueta

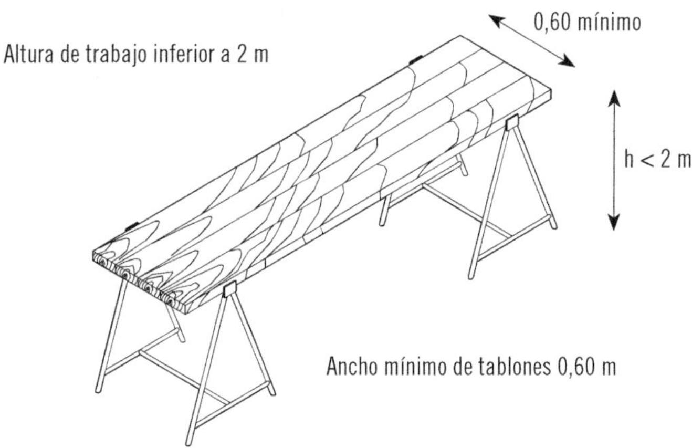

Andamios fijos

Los andamios fijos son estructuras provisionales apoyadas sobre superficie firme, formadas por sistemas modulares de elementos prefabricados, que cuentan con una serie de plataformas fijas de trabajo ubicadas a diferentes niveles. El acceso y circulación entre plataformas se consigue mediante escaleras y sistemas de trampillas abatibles.

Torres de trabajo móviles

Las torres de trabajo móviles son estructuras similares a los andamios fijos, pero que cuentan con un sistema de deslizamiento horizontal, bien sea mediante la incorporación de ruedas en su base, o sobre carriles, que posibilitan el traslado del conjunto sobre una superficie firme y llana.

Su uso es adecuado para trabajos de rápida realización como acabados puntuales, reparación, inspección o mantenimiento, en los que no es necesario el montaje de un andamio fijo.

Sabía que...

Entre otras normativas, las características esenciales de las torres de trabajo móviles están reguladas en la UNE-EN 1004-1:2021 Torres móviles de acceso y de trabajo construidas con elementos prefabricados. Parte 1: Materiales, dimensiones, cargas de diseño y requisitos de seguridad y comportamiento.

Andamios colgados móviles

Los andamios colgados móviles consisten básicamente en plataformas de trabajo que se encuentran suspendidas de cables, que se trasladan de forma vertical por los paramentos, mediante mecanismos con accionamiento manual. Se usan principalmente para trabajos en cerramientos y fachadas de cierta altura, en los que el uso de andamios fijos supondría el montaje de una superficie considerable de los mismos.

También existen modelos de andamios colgados en los que el accionamiento se realiza mediante un sistema mecánico de recogida del cable de suspensión.

Andamios colgados

Los andamios colgados están compuestos por:

- **Plataforma:** zona de trabajo formada por chapa galvanizada antideslizante.
- **Pescante:** elemento de suspensión anclado en la cubierta, que sustenta los cables de cuelgue de la plataforma.
- **Sistema de elevación:** aparato fijado a la plataforma con el mecanismo manual o mecánico que se desplaza por el cable.
- **Cables:** conectan el pescante con el sistema de elevación y la plataforma.

Andamios motorizados de cremallera

Los andamios motorizados de cremallera están formados por plataformas metálicas continuas, unidas a guías laterales que discurren por torres de estructura tubular, por las que se desplazan verticalmente mediante motores eléctricos.

Se usan principalmente para la ejecución de fachadas y paramentos de gran superficie y con importante altura.

Aplicación práctica

Un operario de albañilería está encargado de ejecutar el recibido interior de ocho claraboyas situadas en el techo de una sala de exposiciones de grandes dimensiones. El forjado de techo de la sala se encuentra a 4 m de altura. Está ejecutada y nivelada la solera de hormigón. La distancia mínima entre claraboyas es de 5 m. El tiempo previsto de recibido de cada claraboya es de media hora. ¿Qué medio auxiliar elegirá el operario como el adecuado para realizar esta actividad con la mayor eficacia y seguridad?

SOLUCIÓN

En función de los datos, se interpreta que:

- Por la altura de trabajo se descarta el andamio sobre borriquetas.
- Al ser un trabajo a desarrollar en interior se deberá utilizar un andamio tubular.
- Por la distancia entre cada una de las claraboyas y el tiempo previsto en cada punto de trabajo, se considera excesivo el uso de un andamio tubular fijo, que conllevaría más tiempo de montaje que la duración del propio trabajo a realizar y que lo convertiría en antieconómico.

Por tanto, la opción más razonable para realizar la tarea encomendada es la utilización de una torre de trabajo móvil, o andamio sobre ruedas, que se irá cambiando de posición y anclando para la colocación de cada claraboya.

Escaleras de mano

Se trata de un medio auxiliar portátil, compuesto por dos largueros de madera o metálicos, unidos transversalmente por travesaños equidistantes, que permiten el ascenso o descenso a zonas situadas a diferente cota.

En la actualidad, el material mas usado para su fabricación es el aluminio, debido a la ligereza que le aporta.

Existen dos tipos principales de escaleras de mano, como son:

1. **Escaleras simples o apoyables.** No son estables por sí solas. Para su uso se deben apoyar en un elemento resistente, al que deben anclarse convenientemente.
2. **Escaleras de tijera.** Se mantienen estables por sí mismas. Están formadas por dos tramos unidos mediante articulación por uno de sus extremos.

Puntales

Los puntales son medios auxiliares versátiles, utilizados en muchas fases de la obra. Su uso principal es en la ejecución de estructura, si bien, en albañilería se usa para apuntalamiento provisional de dinteles, huecos, trabajos de restauración, etc.

Consiste en dos tramos de perfil tubular metálico, unidos por un husillo de rosca que permite su apriete.

En ambos extremos cuentan con placas de apoyo para repartir la carga.

Trompas de evacuación de escombro

Se trata de un medio auxiliar que ayuda a mantener las zonas de trabajo limpias y ordenadas, en condiciones seguras. Están compuestos por tramos de tubo de PVC, preparados para acoplar unos a otros, formando un 'bajante' de escombros provisional, que normalmente se instala en fachada. Al ser de tramos es un medio que se adapta fácilmente a cualquier altura y condiciones.

La boca se coloca en algún hueco de planta, debidamente protegido, y el extremo inferior se fija a un contenedor de escombro.

6.2. Adecuación y uso

Cabe analizar la adecuación y uso de cada medio auxiliar por separado.

Andamios

Los andamios y sus estructuras portantes siempre deben estar arriostrados y anclados a puntos firmes que eviten movimientos que puedan desequilibrar a los trabajadores que los estén usando.

Ejemplo de andamio fijo

Recuerde

Antes de poner en uso una plataforma andamiada es necesario realizar una revisión completa de toda su estructura para evitar situaciones de inestabilidad.

Conviene que los tramos verticales de los andamios fijos se apoyen sobre tablones de reparto de cargas. En zonas de terreno inclinado, los andamios deben llevar bases de apoyo homologadas, de altura regulable, con las que se puede nivelar la estructura del mismo. En caso de que por la inclinación del terreno, sea necesaria una suplementación adicional de la base de apoyo, se debe realizar mediante porciones de tablón, trabados entre sí, anclados y recibidos al durmiente de reparto.

Las plataformas de trabajo de un andamio deben tener una anchura mínima de 60 cm y han de estar firmemente ancladas a los apoyos para evitar movimientos por deslizamiento o vuelco. Estas plataformas, independientemente de la altura, deben contar con barandillas perimetrales completas de 90 cm de altura, formadas como mínimo por pasamanos, barra o listón intermedio y rodapié. El rodapié debe ser al menos de 15 cm, limitando la plataforma por todo su perímetro.

Las plataformas de trabajo, en el caso de andamios fijos o torres móviles, deben contar con escaleras y trampillas para permitir la circulación e intercomunicación entre ellas.

Consejo

Es muy importante que los operarios eviten abandonar materiales o herramientas en los andamios, ya que existe la posibilidad de que caigan sobre personas que se encuentren trabajando a niveles inferiores o provocar caídas por tropiezo a otros operarios que circulen por el andamio.

Desde los andamios no se debe arrojar directamente escombros o restos de materiales. Se deben recoger y descargar planta a planta, o bien, realizar su vertido a través de trompas de evacuación de escombros.

Los módulos de base de diseño especial, preparados para el paso de peatones, se deben complementar con viseras y entablados de seguridad en prevención de caída de objetos o materiales.

No se debe fabricar morteros, pastas o similares directamente sobre las plataformas de los andamios. Estos se deben realizar en el lugar de obra preparado para esta labor, y posteriormente transportados ya elaborados al tajo de trabajo.

Importante

Los materiales se deben repartir de manera uniforme sobre la plataforma de trabajo evitando accidentes por sobrecargas.

En ningún momento se deben utilizar andamios sobre borriquetas apoyadas sobre plataformas de trabajo de andamios.

La separación del andamio y el paramento vertical de trabajo no debe superar los 30 cm para evitar caídas por el hueco.

Los andamios deben contar con pasarelas por las que realizar el paso desde la plataforma de trabajo al interior del edificio, evitándose siempre el saltar a través de algún hueco de cerramiento.

Es necesario realizar inspecciones diarias por personal cualificado, antes del inicio de los trabajos. Si se observa falta de algún tipo de medida de seguridad, no se deben comenzar los trabajos hasta que se instale convenientemente.

Es importante que el personal que deba trabajar sobre los andamios no padezca trastornos orgánicos como vértigo, epilepsia, problemas cardiacos, etc., que puedan provocar accidentes al operario.

Andamios móviles

Además de las condiciones generales expuestas anteriormente para el uso de andamios, cuando se están utilizando torres de trabajo móviles se debe tener en cuenta también una serie de requisitos:

- Las plataformas de trabajo se deben consolidar inmediatamente tras su montaje utilizando abrazaderas o fijaciones evitando movimientos o basculamientos.
- Para mejorar la indeformabilidad y estabilidad del conjunto, en la base, a nivel de las ruedas, se deben montar dos barras horizontales de seguridad en diagonal.
- Las plataformas de trabajo se limitarán en todo su contorno con una barandilla sólida de 90 cm de altura, que contará como mínimo con pasamanos, barra intermedia y rodapié.
- Durante el montaje de torres de trabajo móviles, se debe tener en cuenta siempre el cumplimiento de unas proporciones de seguridad que garanticen su estabilidad. Esta proporción debe cumplir el siguiente coeficiente:

En zonas exteriores: $\frac{H}{L} <= 3$

En zonas protegidas de viento: $\frac{H}{L} <= 4$

Siendo:

- H = altura de la plataforma de trabajo.
- L = anchura menor de la plataforma en planta.

- Si se sobrepasan estos coeficientes en cada caso, será necesario arriostrar la plataforma o dotarla de elementos supletorios de autoestabilidad y apoyos antivuelco.
- Durante los trabajos sobre la plataforma, esta debe quedar inmóvil, estabilizada o arriostrada por medio de barras a puntos firmes,

evitando movimientos que puedan provocar caídas de los operarios. Es necesario también mantener instalados y accionados los frenos antirodadura de las ruedas.

- Se debe evitar realizar otros trabajos a una distancia de la torre de trabajo móvil inferior a 4 m.
- No se debe usar el andamio móvil para transportar personas o materiales. Durante las maniobras de cambio de posición la plataforma ha de permanecer vacía.
- No se debe utilizar este tipo de andamio móvil apoyándolo directamente sobre superficies que no garanticen su firmeza como pavimentos recién ejecutados, tierras, jardines, etc.

Escaleras

Si las escaleras son de madera, los peldaños han de ser de una sola pieza y estarán ensamblados a los largueros. Deben estar protegidas mediante barnices, preferentemente transparentes para que no queden ocultos defectos o deterioros.

En el caso de escaleras metálicas, los largueros han de ser de una sola pieza y estarán sin deformaciones o abolladuras que puedan mermar su seguridad. No deben estar suplementadas con uniones soldadas.

Importante

Deben estar pintadas con pintura antioxidación protegidas contra agresiones de la intemperie.

Si las escaleras son de tijera deben estar dotadas en su articulación superior de topes de seguridad de apertura. A media altura deben tener cadena o cable de acero que limite la apertura máxima. Deben utilizarse siempre con los largueros abiertos en su posición máxima.

Consejo

Las escaleras de tijera nunca deben ser utilizadas en forma de borriquetas para montar una plataforma de trabajo.

Las escaleras de tijera no son aptas si para la realización del trabajo, por su altura, obliga a apoyar los pies en los tres peldaños más altos. Deben montarse siempre sobre pavimentos horizontales.

No se deben utilizar escaleras de mano para salvar alturas que superen los cinco metros.

En el caso de escaleras simples, deben tener en el extremo inferior de sus largueros, zapatas de seguridad antideslizantes. Deben estar firmemente amarradas en su parte superior y deben sobrepasar al menos en un metro la cota máxima que salvan.

No se debe elevar a mano pesos superiores a 25 kg sobre una escalera de mano.

El acceso de operarios al siguiente nivel, utilizando escaleras de mano se debe realizar siempre de uno en uno, no coincidiendo nunca dos o más operarios en la misma. El ascenso y descenso se debe realizar frontalmente, mirando siempre hacia los peldaños.

Cuando los trabajos a realizar desde una escalera de mano superen 3,50 m de altura respecto al apoyo y necesiten esfuerzos que comprometan el equilibrio del operario, se debe utilizar un equipo de protección individual contra caídas.

Puntales

Para garantizar la seguridad y estabilidad en la colocación de puntales, se deben clavar mediante sus placas de apoyo al durmiente y a la sopanda. En caso de puntales que deben trabajar inclinados en relación a la vertical, se deben colocar cuñas entre su base y el tablón de apoyo de forma que trabajen perpendicularmente al soporte.

El transporte a brazo de puntales de tipo telescópico se debe realizar con los pasadores y mordazas inmovilizando su posibilidad de extensión o retracción.

Importante

Para evitar sobreesfuerzos no se debe cargar más de dos puntales a la vez por cada trabajador.

El reparto de la carga sobre las superficies apuntaladas se debe realizar de forma uniformemente repartida.

Los puntales han de estar en correctas condiciones de uso y mantenimiento, cuidando de revisar que no exista óxido, que estén pintados, con todos sus componentes, etc. Se revisará que no tengan abolladuras o deformaciones en el fuste.

Los tornillos sin fin deben estar engrasados para que su accionamiento sea cómodo.

Para garantizar la estabilidad y el reparto de cargas, los puntales deben tener en sus extremos placas de apoyo con agujeros preparados para clavarlos a los tableros de apoyo.

Aunque en la actualidad están cada vez más en desuso, también se utilizan puntales de madera. Tienen el inconveniente respecto a los metálicos de que no son regulables, por lo que el ajuste debe realizarse incluyendo calzos y cuñas en sus extremos, clavándolos entre sí. Esto hace que su unión sea menos estable y firme que con los metálicos.

Los puntales de madera han de ser de una sola pieza, no debiéndose admitir empalmes o suplementos. Se debe comprobar que estén realizados con madera sana, seca y sin nudos.

En obra se debe rechazar el uso de cualquier puntal que se encuentre agrietado o presente deformidades.

Trompas de evacuación de escombro

Los fragmentos de escombro o restos de materiales de mayores dimensiones se deben fragmentar previamente, a fin de no provocar desprendimientos o atascos en el tubo.

Al instalar la trompa de evacuación se deben tener en cuenta en todo momento las instrucciones de montaje y uso del fabricante.

Recuerde

Debe evitarse siempre que la evacuación de escombros se realice lanzándolos libremente por algún hueco, evitando así los riesgos que conlleva.

La zona adyacente al punto de descarga se debe delimitar y señalizar convenientemente para evitar el riesgo de caída de objetos sobre operarios que circulen por la zona.

Las piezas deben estar correctamente ensambladas, evitando desprendimientos. El contenedor sobre el que se vierta el escombro o restos de materiales se debe cubrir con una red fina o lona para impedir la producción de polvo.

6.3. Montaje, revisión y desmontaje

A la hora de montar un andamio se ha de seguir un adecuado procedimiento de montaje, ejecutado preferentemente por operarios especializados en estas labores y siguiendo el orden y las instrucciones prescritas por el fabricante.

Importante

A tener en cuenta:

- Son medios temporales, que permiten ser desmontados y, por tanto, su seguridad depende en gran parte de la calidad en la ejecución de las uniones entre elementos.
- Se trata de equipos auxiliares, y no siempre está garantizada la experiencia para trabajos en altura de los operarios que le van a dar uso, por tanto, se deben extremar las medidas de protección y seguridad con que cuenta cada tipo de andamio.

Desde la entrada en vigor del R. D. 2177/2004, se establece que los andamios deben ser instalados por operarios especializados que dominen, los límites de los equipos y las consecuencias derivadas de la realización de trabajos en altura.

Sabía que...

El Real Decreto 2177/2004, de 12 de noviembre, establece las disposiciones mínimas de seguridad y salud para la utilización por los trabajadores de los equipos de trabajo, en materia de trabajos temporales en altura. BOE nº 274, de 13/11/2004.

El procedimiento de montaje de un andamio tubular fijo es muy variado dependiendo de los diferentes sistemas existentes en el mercado, por lo que cada fabricante debe aportar el método específico para cada tipo de andamio. De todas formas, existe una serie de secuencias básicas que definen un proceso general de montaje seguro, adaptable a la mayoría de sistemas en el mercado. Se puede resumir en:

1. **Inicio del montaje.** Ejecutar el replanteo definiendo la ubicación de los apoyos del andamio. Se debe comprobar la capacidad portante del suelo o apoyo previsto. Se debe verificar que no existan elementos como líneas eléctricas, instalaciones u otros condicionantes externos que puedan dificultar o poner en riesgo el montaje y posterior uso del andamio. Replanteo y colocación de los husillos o bases nivelantes.
2. **Montaje.** Colocación del primer módulo montando marcos verticales, elementos de unión horizontales y verticales, barandillas, plataforma y diagonales de arriostramiento.
3. **Nivelación del módulo,** anclaje y apriete definitivo de todas las uniones.
4. **Continuidad horizontal del equipo,** con el mismo procedimiento, adosando lateralmente los módulos necesarios hasta la completa ejecución del primer nivel.

5. **Colocación de medidas de protección** necesarias antes de continuar, como barandillas de montaje, líneas de vida, redes...
6. **Reanudación del proceso en el siguiente nivel** hasta completarlo, con los operarios protegidos en todo momento por la barandilla de montaje.
7. **Ejecutar los anclajes y arriostramientos** necesarios, fijando el equipo a puntos fijos de la estructura del edificio.
8. **Repetir los pasos** en las alturas superiores hasta completar la ejecución del andamio.

Además, es importante tener en cuenta una serie de condiciones de seguridad:

- No se debe iniciar un nuevo nivel sin antes haber concluido el nivel de partida con todos los elementos de estabilidad y seguridad instalados como cruces de San Andrés, arriostramientos, barandillas, etc.
- Para comenzar un nuevo nivel, la seguridad del nivel anterior debe ofrecer garantías suficientes para poder amarrar el cinturón de seguridad.
- Las plataformas de trabajo se deben consolidar inmediatamente después de su montaje con abrazaderas de sujeción contra basculamientos o con los arriostramientos correspondientes.
- Las uniones entre tubos se deben efectuar siempre con los sistemas existentes según el modelo comercializado, mediante nudos, bases metálicas, mordazas y pasadores.

El transporte, carga, descarga y almacenaje en la obra de todos los elementos que forman un andamio debe programarse como una etapa más de la ejecución del mismo, disponiendo controles en la recepción del equipo que verifiquen su perfecto estado.

Para el proceso de montaje y desmontaje de los medios auxiliares se deben instalar sistemas de izado y descenso de los distintos elementos, fijados a puntos firmes de la estructura.

Consejo

En ningún momento se deben lanzar desde cualquier altura los elementos que componen el medio auxiliar.

Aplicación práctica

Un operario va a utilizar una torre de trabajo móvil, ¿qué procedimiento le recomendaría que siguiera para su montaje?

SOLUCIÓN

1. Recogida del material necesario del almacén y comprobación de todas las piezas, constatando su correcto estado y ausencia de defectos.
2. Colocar las ruedas con el sistema de freno activado en la posición a montar la torre de trabajo, sobre la solera nivelada y firme.
3. Colocar las barras horizontales de unión a nivel bajo.
4. Colocar las diagonales rigidizadoras horizontales a nivel de las ruedas.
5. Montar las barras verticales o marcos laterales y las barras de unión horizontal.
6. Colocación de las cruces de San Andrés a ambos lados de la torre de trabajo.
7. Colocación de plataforma de trabajo a la altura indicada y barandillas de protección perimetrales con pasamanos, barra intermedia y rodapié en todo el perímetro de la plataforma. Estos trabajos siempre usando los EPI.
8. Revisión y reapriete de todas las uniones.
9. Desbloqueo de las ruedas y traslado de la torre de trabajo al primer punto de trabajo.
10. Bloqueo de todas las ruedas y arriostramiento del andamio a punto firme de la estructura del edificio.

Los elementos que componen los medios auxiliares se deben transportar ordenados en paquetes uniformes sobre bateas, atados con flejes o eslingas a fin de evitar derrames.

Recuerde

Durante el uso de un andamio es necesario mantener un programa de revisiones periódicas en las que personal cualificado constante el correcto anclaje y nivelación del conjunto, compruebe el correcto montaje y apriete de todas las piezas, ausencia de deterioro de los elementos, y en definitiva que el andamio sigue manteniendo las condiciones de seguridad y protección para las que fue concebido. Es necesaria realizar una revisión al menos antes de comenzar la jornada de trabajo.

El desmontaje de los medios auxiliares, en general se realizará siempre en sentido inverso al orden de montaje, manteniendo en todo momento las medidas de protección y el uso de equipos de protección individual por parte de los operarios encargados de esta labor.

6.4. Almacenaje

Los elementos de los medios auxiliares, cuando no están en uso se deben almacenar aislados del suelo, para evitar daños por humedades, en lugares cubiertos y de forma ordenada por tipos evitando así deformidades y deterioros.

Recuerde

Todos los componentes de los medios auxiliares y medios de seguridad deben mantenerse en perfecto estado de conservación desechando aquellos que presenten defectos, golpes, deterioro u oxidación.

Es recomendable la utilización de medios mecánicos para el manejo y almacenaje de los distintos elementos, para evitar lesiones por sobreesfuerzos, golpes o atrapamientos.

Los puntales se deben acopiar formando capas horizontales de forma ordenada y con elementos verticales en los laterales que impidan el vuelco de la pila. Para mejorar la estabilidad del almacenamiento es aconsejable colocar cada fila de forma perpendicular a la anterior.

7. Resumen

Para eliminar o reducir los riesgos que conlleva la ejecución de trabajos de albañilería es necesario durante el proceso usar o disponer de los medios de protección adecuados.

En función de las condiciones y circunstancias de cada trabajo, será necesario estudiar y diseñar los medios de protección más eficaces en cada caso. Estos medios de protección forman parte de las medidas preventivas a adoptar antes de acometer cada trabajo, y la decisión de sus características y alcance viene determinado por el resultado de la evaluación inicial de riesgos que la empresa debe realizar para cada puesto de trabajo y circunstancias que lo rodean. Dichos medios deben estar analizados y especificados en el Estudio de *seguridad y salud* y en el *Plan de seguridad y salud* de la obra, que serán elaborados antes del comienzo de los trabajos.

Dependiendo del tipo de protección, se distinguen dos tipos principalmente:

- **Equipos de protección individual.** Ofrece protección al operario que lo usa o lleva puesto.
- **Equipos de protección colectiva.** Dan protección al conjunto de trabajadores que se ven sometidos al riesgo concreto que se pretende evitar.

Los medios auxiliares de una obra son todos aquellos elementos y equipos provisionales que son necesarios para la ejecución de una determinada tarea sin formar parte del resultado final elaborado: andamios, escaleras...

Ejercicios de repaso y autoevaluación

1. En lo relativo a la protección de los trabajadores, numere el orden de prioridad y eficacia de las siguientes alternativas a utilizar.

	Utilización de equipos de protección individual.
	Eliminar o aislar el riesgo con métodos organizativos del trabajo.
	Adopción de medios técnicos colectivos de protección.

2. Relacione cada equipo de protección individual con su grupo correspondiente, según su función protectora.

a. Chaleco reflectante
b. Bota impermeable reforzada
c. Pantalla de protección facial
d. Casco
e. Cinturón contra caídas clase C
f. Equipo filtrante de aire
g. Orejeras

__ Protección de la cabeza
__ Protección auditiva
__ Protección respiratoria
__ Protección de ojos y cara
__ Protección de extremidades
__ Protección contra caída
__ Prendas varias de protección

3. Indique si las siguientes afirmaciones son verdaderas o falsas.

En el diseño de los EPI son requisitos exigibles:

a. Adecuada ergonomía.

- ☐ Verdadero
- ☐ Falso

b. Ausencia de riesgos propios en el uso del equipo.

- ☐ Verdadero
- ☐ Falso

c. Confección con materiales actuales y a la moda.

- ☐ Verdadero
- ☐ Falso

d. Que se adapte a las características del trabajador.

- ☐ Verdadero
- ☐ Falso

4. Complete las siguientes definiciones:

a. Las rampas de las escaleras se deben mantener _______________ en su entorno por una ___________ sólida de 90 cm de altura formada por ___________ , listón intermedio y _______________ de 15 cm.
b. Las zonas de trabajo y las zonas de _____________ se deben mantener siempre ______________, ordenadas y suficientemente _____________.
c. Debe prohibirse la utilización de _____________ sobre borriquetas en _____________, terrazas y bordes de ____________ si antes no se han instalado _______________ sólidas contra el riesgo de ____________ al vacío.
d. Los ___________ se deben evacuar ___________ mediante ____________ de vertido.

5. Los montantes verticales o soportes tipo sargento que forman parte de una barandilla de seguridad deben estar colocados a una distancia no mayor a:

a. 3,50 m.
b. 5,60 m.
c. 2,50 m.
d. 1,00 m.

6. Los andamios que se utilizan habitualmente para trabajos interiores, que no superen los dos metros de altura, formados por un tablero horizontal sobre apoyos en forma de V invertida, se denominan:

a. Andamios motorizados de cremallera.
b. Andamios fijos.
c. Andamios colgados móviles.
d. Andamios de borriquetas.

7. De los siguientes elementos, ¿cuáles forman parte de un andamio colgado móvil?

a. Cruz de San Andrés, plataforma y sistema de elevación.
b. Pescante, escalerilla y sistema de elevación.
c. Plataforma, sistema de elevación, pescante y cables.
d. Cables, cremallera y plataforma.

8. Indique cuál de estas afirmaciones no es correcta:

a. Es necesario realizar inspecciones diarias de los andamios por personal cualificado, antes del inicio de los trabajos.
b. La distancia de separación del andamio y el paramento vertical de trabajo no debe superar nunca los 80 cm para evitar caídas por el hueco.
c. El rodapié de la barandilla de un andamio debe ser al menos de 15 cm.
d. No se debe fabricar morteros, pastas o similares directamente sobre las plataformas de los andamios.

---

9. **Enumere brevemente al menos cuatro de los requisitos exigibles para la utilización de torres de trabajo móviles.**

____

____

____

____

10. **Complete las siguientes afirmaciones relacionadas con el montaje de un andamio.**

    a. No se debe iniciar un nuevo nivel sin antes haber ______ el nivel de partida con todos los elementos de ______ y seguridad instalados como cruces de ______, arriostramientos, ______, etc.
    b. Las plataformas de trabajo se deben ______ inmediatamente después de su montaje con ______ ______ ______ contra basculamientos o con los ______ correspondientes.
    c. Las uniones entre tubos se deben efectuar siempre con los sistemas existentes según el modelo ______, mediante nudos, ______ ______, ______ y ______.

Bibliografía

Monografías

- OÑORO, J.: *Tecnología de materiales. Teoría y práctica.* Madrid: Bellisco ediciones, 2023.

- CRESPO Escobar, S.: *Materiales de construcción para edificación y obra civil.* Alicante: Editorial Club Universitario, 2010.

- VV. AA.: Enciclopedia de albañilería. *Técnica y práctica constructiva.* Barcelona: Ediciones, 2003.

- VV. AA.: *Nueva enciclopedia del encargado de obras. Materiales de construcción.* Barcelona: Ediciones CEAC, 2007.